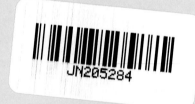

0歳からシニアまで
シュナウザーとのしあわせな暮らし方

Wan編集部 編

はじめに

かっこいい、賢い、人間っぽい……。そんなふうに称されることの多いシュナウザー。とくにミニチュア・シュナウザーは、今や日本で絶大な人気を誇り、それはこれからも衰えることがなさそうな勢いです。

この本の特徴は、「0歳からシニアまで」シュナウザーの一生をカバーしたものであるということ。飼育書でよくある「これからシュナを飼いたい」と思っている人向け、子犬向けの情報だけにとどまらない内容となっています。もちろん、子犬の迎え方や育て方もたっぷりご紹介しているので、シュナ初心者さんにもばっちりお役立ち。それにプラスして、成犬になってからも使えるしつけやトレーニング、保護犬の迎え方、お手入れ・トリミング、カット・スタイル、マッサージ、病気のあれこれに、避けては通れないシニア期のケアを詳しくご紹介しています。

シュナを長く飼っているベテランさんにも、飼い始めて間もない人にも、そしてこれから飼おうかと考えている人にも、シュナを愛するすべての人に読んでほしい……。そんな願いを込めて、愛犬雑誌『Ｗａｎ』編集部が制作した一冊です。

飼い主さんとシュナウザーたちが、一生〝しあわせな暮らし〟を送るお手伝いができれば、これに勝る喜びはありません。

２０１８年７月

『Ｗａｎ』編集部

もくじ

PART 1 シュナの基礎知識 7

8 シュナの歴史

10 シュナの理想の姿

12 シュナの被毛・毛色

14 シュナは「テリア」か?

16 シュナコラム①
スタンダード・シュナウザーを知っていますか?

PART 2

シュナの迎え方

17

18 シュナを迎える前に

23 子犬の健康管理

26 保護犬を迎える

30 シュナコラム②
迎えるなら成犬？ 子犬？

PART 3

シュナのしつけとトレーニング

31

32 シュナの性質を知る

34 しつけのキホン

37 問題行動への対処

46 生活に役立つ
トレーニング

49 シュナとの遊び方

51 ゲームを楽しむ

54 シュナコラム③
寡黙になって通じ合う

PART 4

シュナのかかりやすい病気&栄養・食事

55

56 シュナのカラダ

57 泌尿器の病気

60 がん（悪性腫瘍）

63 高脂血症

66 そのほかの病気

72 ノミ・マダニ・犬フィラリア症

73 暑さ対策

74 シュナのための栄養学

PART 5

お手入れ・マッサージ・トリミング

81

82 ブラッシングとシャンプー

91 耳掃除と爪切り

94 バリカンを使う

97 ナイフ・トリミング

100 歯みがきマニュアル

104 シュナのためのマッサージ

112 カット・スタイル10選

122 シュナのトリミングとは

PART 6

シニア期のケア

126 シニア期に
さしかかったら

133 若さを保つ
エクササイズ

138 シュナとの
しあわせな暮らし
＋αの楽しみ
オフ会参加の心得8か条

※本書は、『Wan』で撮影した写真を主に使用し、掲載記事に加筆・修正して内容を再構成しております。

Part 1
シュナの基礎知識

シュナウザーは日本でもファンの多い犬種ですが、
まだ知られていないことがたくさんあります。
まずはシュナという“犬種”について知りましょう！

シュナの歴史

**ドイツ原産で、もともとは農場でネズミを取る犬だった
シュナウザー。現在は3つのサイズがあります。**

ミニチュア・シュナウザー

ジャーマン・ピンシャー

ネズミ捕りの〝ありふれた犬〟

ミニチュア・シュナウザーの歴史をさかのぼると、ジャーマン・ピンシャーとスタンダード・シュナウザーに行き着きます。この2犬種は、ドーベルマンやミニチュア・ピンシャー、シュナウザーといった犬たちの始祖犬と考えられています。ピンシャー＆シュナウザー・タイプの犬は、数千年も前からドイツに存在していたようです。

ジャーマン・ピンシャーとスタンダード・シュナウザーはいずれも中型。被毛のタイプだけが異なる（ピンシャー＝スムース／シュナウザー＝ワイアー）同一犬種と見なされていた時期もありました。主として農場でのネズミ捕りを仕事とし、どこにでもいるような犬だったようです。そのせいか、19世紀にドッグショーと純粋犬種の繁殖が盛んになるまでは、あまり顧みられることはありませんでした。

3サイズのシュナウザー

シュナウザーには、ジャイアント、スタンダード、ミニチュアという3サイズが存在します。どれもみな賢く適応力があり、飼いやすい性格であることが知られています。この3犬種が、もともとスタンダード・シュナウザーから派生したことは意外と知られていません。ジャイアントを小型化して、スタンダードやミニチュアが誕生したと思われているようですが、じつはそうではないのです。

3タイプのシュナ

体高：30〜35㎝
体重：約4〜8kg
毛色：ソルト＆ペッパー、ブラック＆シルバー、ブラック、ホワイト

体高：45〜50㎝
体重：14〜20kg
毛色：ソルト＆ペッパー、ブラック

体高：60〜70㎝
体重：35〜47kg
毛色：ソルト＆ペッパー、ブラック

スタンダードは数世紀前から存在していますが、正確な起源はわかっていません。黒いプードルやウルフ・スピッツ、粗毛を持つジャーマン・テリアなどが、犬種の確立にかかわったと見られています。まずは中央ヨーロッパ（オーストリアのチロル地方）を中心に普及していったようです。その後、時代が進んで生活様式が変化すると、人が犬に求めるものも変わってきました。それに合わせて、ミニチュアとジャイアントが作出されました。

初期のミニチュアは、「粗毛のミニチュア・ピンシャー」という扱いでした。そのなかにもさまざまなサイズ、タイプ、毛質の犬が存在していたために、スタンダードの外見と特徴を備えた小さなシュナウザーを作出するのは、大変な作業だったことでしょう。

やがて完成したミニチュアは、１９２５年ごろアメリカに渡ります。そして１９２８年にはアメリカからイギリスへ輸入され、世界じゅうに広まることとなりました。各シュナウザーとも世界各国で多くの人々に愛される犬となりましたが、とくに日本ではそのサイズ感からミニチュアが人気を集め、広く知られるようになったのです。

シュナの理想の姿

「こうあるべき」という理想の姿は、どの犬種にも存在します。

断尾なし

断耳なし

断耳・断尾について

シュナのもともとの仕事はネズミ駆除。獲物を追って狭いところを走り回るときにしっぽや耳が邪魔にならないよう、また万一噛み付かれても傷が大きくならないようカットされていました。

最近日本でも耳をカットした犬が少ないのは、ほとんどのシュナがペットとして飼われるようになって、ネズミ捕りの機能性を重視しなくてもよくなったため。また、動物愛護の機運の高まりによるところも大きいでしょう。

断尾あり

断耳あり

「がっしり・しっかり」が特徴

体高と体長がほぼ等しい体型（スクエア）。小さいけれども力強く、ほっそりというよりはがっしりしています。テリア・タイプのパワフルな体型と言えるでしょう。

特徴的なのは前脚。前から見たときにまっすぐで、適度な間隔で平行に位置しています。ＦＣＩ（国際畜犬連盟）の犬種標準書（各犬種の理想の姿が記されたもの）には、「前脚はどこから見てもまっすぐで、筋肉は盛り上がるというよりもむしろなめらかで、かつしなやか。骨はすっと脚まで伸びている」と書かれています。

また、４本の脚をまっすぐ前に出す、流れるような歩き方が理想とされます。持久力を持つために、前後ともに歩幅が広く、体を上下左右に振らない安定した歩き方も求められます。

性格は賢く怖いもの知らずで、忍耐強く敏捷。番犬としてはもちろん、マンションなどでも家庭犬として問題なく飼える犬種だといわれます。

体高

体高：30〜35cm
体重：約4〜8kg

頭

頑丈で長く、オクシパット（後頭部）は突出していません。

目

中くらいの大きさで、卵形。前に向かって付き、生き生きとした表情を見せます。

首

力強く筋肉質。見事なアーチを描いて肩へと自然に連なっています。

ボディ

腰は短く、頑丈で幅広いのが特徴。ボディをコンパクトに見せています。

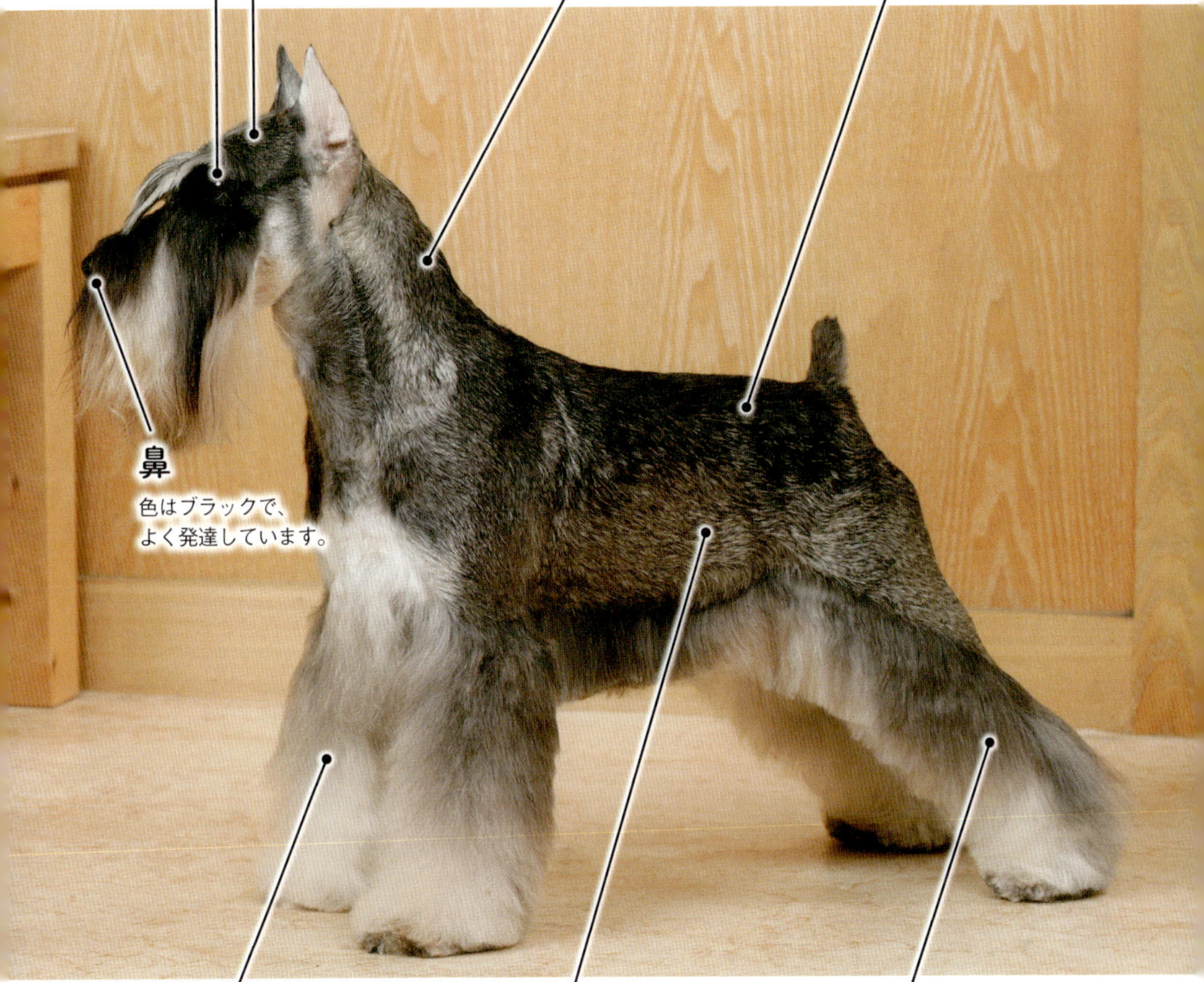

鼻

色はブラックで、よく発達しています。

前脚

まっすぐで力強く、左右が接近しすぎることはありません。

被毛

ワイアー（針金状）で粗く、密に生えています。認められている毛色は「ソルト＆ペッパー」、「ブラック＆シルバー」、「ブラック」、「ホワイト」の4種。

後ろ脚

横から見ると傾斜し、後ろから見ると左右が平行。両脚のあいだは近すぎません。

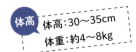

シュナの被毛・毛色

特徴的な毛色と毛質も、シュナの大きな魅力です。

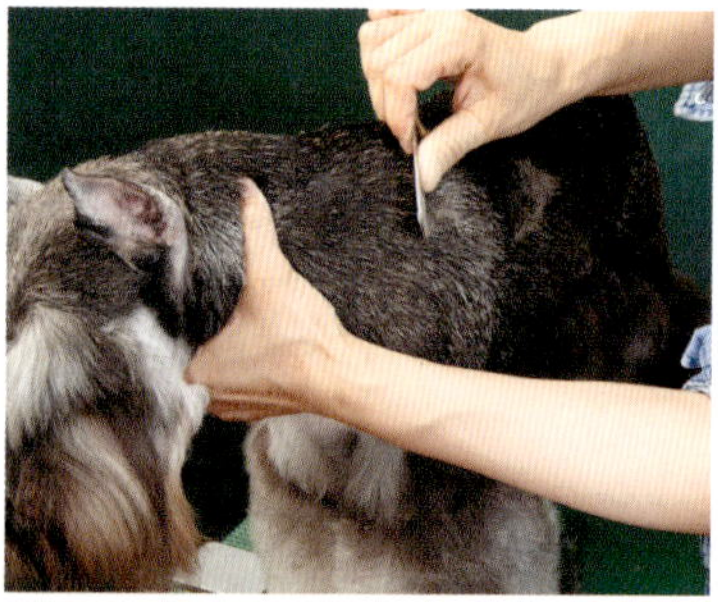

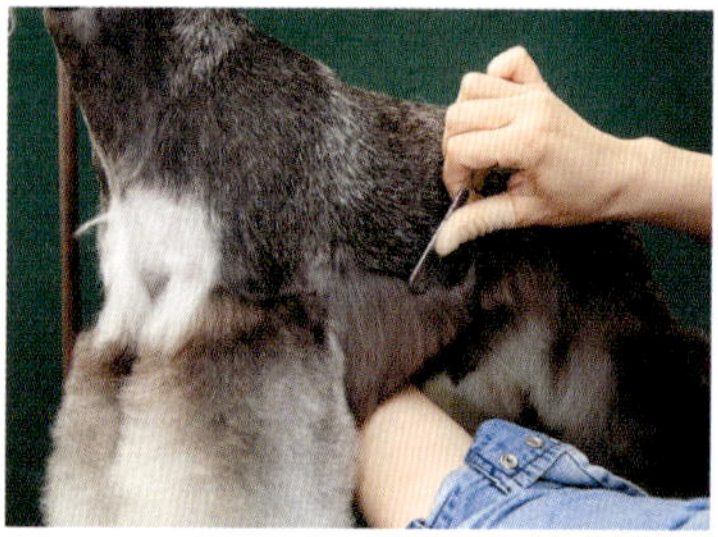

硬く濃い色の毛をキープするためには、被毛を抜いて整える「プラッキング」という作業が必要。希望する場合はプロのトリマーに相談を（P94～参照）。

太くて硬い毛が理想

シュナの被毛は、オーバーコート（上毛）とアンダーコート（下毛）からなる二重被毛（ダブルコート）です。オーバーコートはまっすぐで、外界の刺激から身を守るために太くて硬い粗剛毛になっています。その下に、短くてやわらかいアンダーコートが密生。この毛には防水・保温効果があるので秋～冬にかけて多くなり、初夏に抜け落ちるのです。

ひげと胸～下腹部の毛は、そのほかのボディの毛と比べるとやわらかいのが特徴です。本来は頭やボディの毛を抜くケア（プラッキング）を行って、太く硬い毛に仕上げるのが「シュナらしい被毛」と言えます。このように硬くて皮膚にぴたりと張り付いたような被毛にしておくと、穴や草むらに潜り込んでも毛が引っかかりません。もともとはイタチなど小動物駆除にも使われていたことから、そういう毛が求められたのでしょう。最近は、毛を抜かずにハサミやバリカンでカットすることも多くなっています。

毛色のバリエーション

毛色はソルト&ペッパー、ブラック&シルバー、ブラック、ホワイトの4種類。ホワイトを認めるかどうかについては議論があったようですが、原産国のドイツでは１９７９年に公認され、ＦＣＩ（国際畜犬連盟）でも認められました。ただし、ＡＫＣ（アメリカケネルクラブ）ではまだ認められていません。日本でもまだ数は少なく、珍しい毛色と言えるでしょう。

ボディや頭は黒く、眉やひげ、足先などは白っぽいシルバー。まずアメリカで固定され、原産国のドイツでも1976年に公認された。

シュナのなかで最もポピュラーな毛色。1本の毛に濃淡の縞模様があり、これが塩とこしょうを混ぜたように見えるため、この名で呼ばれる。

シュナの毛色・4種

FCIでは認められているが、アメリカ(AKC)では公認されていない毛色。シュナのなかでは比較的新しい毛色で、頭数もまだ少ないため珍しい部類に入る。

スタンダード・シュナウザーやジャイアント・シュナウザーにも見られる色。SPとともに、シュナ系のなかではベーシックな毛色とされる。

シュナは「テリア」か？

シュナの外見も毛質もテリアそっくり。ということは、
テリアの仲間なのでしょうか。

第2グループ（使役犬）
アーフェンピンシャー
グレート・デーン
グレート・ピレニーズ
ジャイアント・シュナウザー
スタンダード・シュナウザー
セント・バーナード
ドーベルマン
土佐
バーニーズ・マウンテン・ドッグ
ブルドッグ
ミニチュア・シュナウザー
ミニチュア・ピンシャー
レオンベルガー
ロットワイラー

テリアグループ
ウエスト・ハイランド・ホワイト・テリア
エアデール・テリア
ケアーン・テリア
ケリー・ブルー・テリア
スコティッシュ・テリア
ノーフォーク・テリア
ノーリッチ・テリア
ブル・テリア
ベドリントン・テリア
ボーダー・テリア
ミニチュア・シュナウザー
レークランド・テリア
ワイアー・フォックス・テリア

テリアであって、テリアでない？

小柄ながら十分な骨量があり、がっしりしているミニチュア・シュナウザー。さらに、エアデール・テリアやワイアー・フォックス・テリアといった多くのテリア種の特徴でもある口ひげや眉毛、硬い剛毛を持つことから「テリアじゃないの？」と思われるのも当然でしょう。

現在純血種の犬は、7〜10のグループに分けられています。グループの数やその分け方は全世界共通ではなく、各国のケネルクラブ（犬種登録団体）によって異なるので注意が必要。いずれにしろ、このなかで「テリアグループ」に属した犬種が「テリア」という認識で良いでしょう。

多くの犬種は、ケネルクラブが変わっても所属するグループは変わりませんが、M・シュナウザーは別。所属するグルー

第2グループ所属

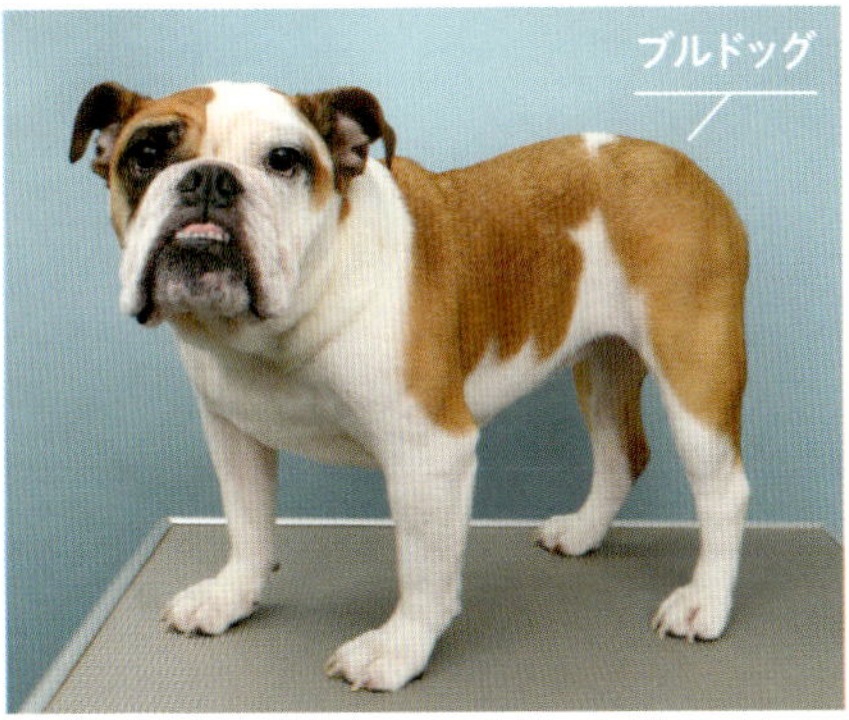

テリアグループ所属

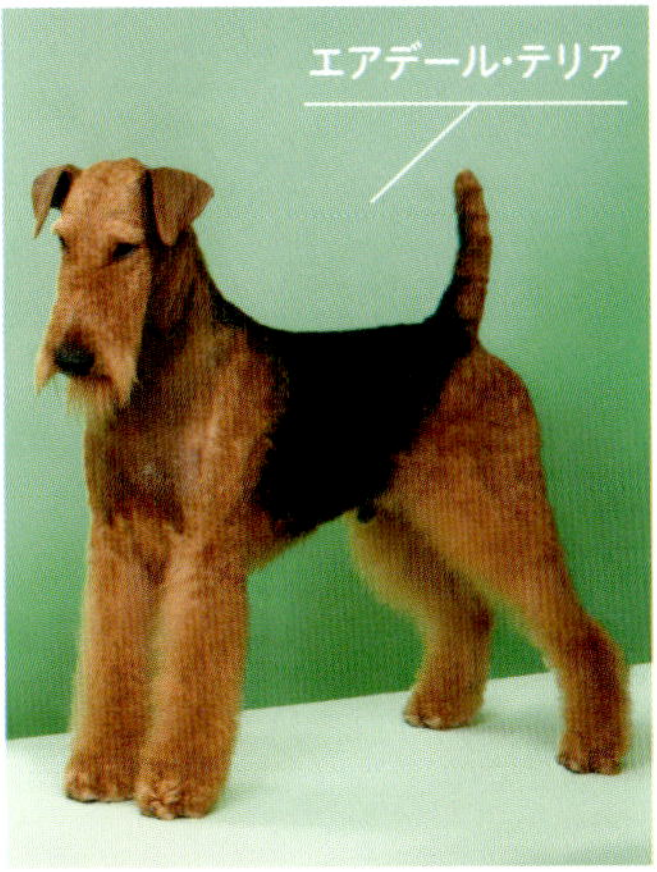

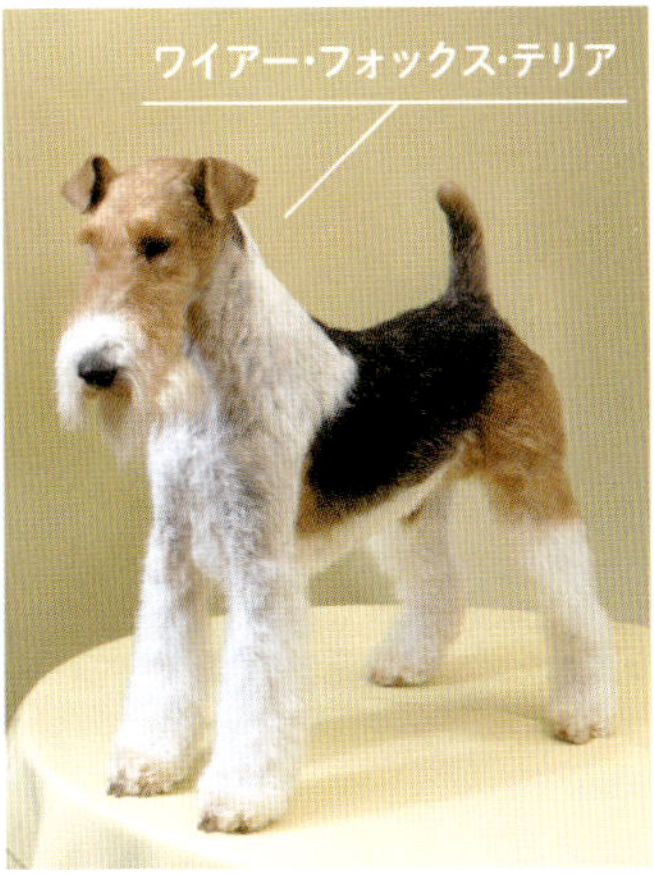

プがクラブにより異なるという複雑な事情を持ちます。まず日本のＪＫＣ（ジャパンケネルクラブ）では「使役犬（第２グループ／ワーキンググループ）」に属しており、セント・バーナードやドーベルマンと同じグループです。テリアの本場・イギリスのケネルクラブ（ＫＣ）では「ユーティリティグループ」に属していて、日本と近い扱いです。

　ところが、アメリカのアメリカンケネルクラブ（ＡＫＣ）の分類だと、シュナは「テリアグループ」として扱われます。ですから、「アメリカではテリアだが、日本やイギリスではテリアではない」というのがひとつの答えでしょう。ちなみに、ＤＮＡ配列による遺伝的類似に基づく科学的な犬種グループ分けの研究結果（２００５年）では、シュナとテリアは同じグループに属していると判断されたようです。さらに複雑ですね。

シュナコラム
1

スタンダード・シュナウザーを知っていますか?

ミニチュア・シュナウザーの元祖とも言うべき犬種、「スタンダード・シュナウザー」。ミニチュアより大きいだけ、ではありません。

スタンダード・シュナウザーは、日本では非常に珍しい犬種。かたやミニチュア・シュナウザーはかなりの人気ぶりで、これは海外でも同様の傾向です。M・シュナをそのまま大きくしたものがS・シュナだと思われることが多いのですが、カラー(毛色)に関しては異なっています。M・シュナが4色(ブラック&シルバー、ブラック、ソルト&ペッパー、ホワイト)なのに対して、S・シュナはソルト&ペッパーとブラックの2色のみ。

S・シュナはちょうど柴くらいの中型犬で、M・シュナよりも体高が15cmほど高いのが特徴。そしてこの犬こそが、ドイツの農場でネズミ捕りとして活躍していたころの「シュナウザー」に最も近い犬なのです。

農家で番犬をしていたS・シュナは、その“職業柄”なのか、いまだにちょっぴり頭のかたいところも見受けられるようです。窓の外を見知らぬ人が通ろうものなら、何であろうとすぐに吠え始めるし、お客さんが玄関に入ってきても、飼い主の許可が下りない限りなかなか警戒体勢を崩そうとしません。この気質はちょっと日本犬に似ているかも……。純粋な番犬気質がまだ残っているということでしょう。

それに比べると、M・シュナの性格はもっと丸く、素直で柔軟。しつけもそれほど難しいものではありません。もっとも、今のように人気が出る前はS・シュナのような性格を持っていたようです。現代のM・シュナが飼いやすい犬になったのは、アメリカでのブリーディングに負うところが大きく、世界に先駆けてM・シュナの魅力を100%引き出した国だと言ってもよいのではないでしょうか。

左からジャイアント、ミニチュア、スタンダードの各シュナウザー。性格にはかなり違いがあるようです。

Part2
シュナの迎え方

いよいよ「シュナを迎えたい！」と思ったら……。
迎える先や準備、慣らし方などを
チェックしましょう

シュナを迎える前に

まずは「子犬から迎える」ケースをモデルに、ポイントを見ていきましょう。

迎える前の心がまえ

最初に、シュナとどんな生活がしたいかよく考えておきます。

　まずはミニチュア・シュナウザーという犬種の特徴をよく理解して、「わが家で問題なく一緒に生活できるかどうか」を検討しましょう。シュナはもともと小型害獣を退治する作業犬だったので、活発で運動量も多い犬種。毎日散歩ができるか、自宅で運動できる環境（庭など）があるかなども重要な問題です。下のチェック項目をもとに家庭の状況を把握して、それらの情報をブリーダーやペットショップに伝えると子犬選びや準備もスムーズにできます。

　賢い犬種なので、必要なしつけをすれば問題行動を起こすことも少なく、子どもやお年寄りともうまくやっていけるはず。定期的なトリミングの必要がありますが、そのぶんいろいろなカット・スタイルを楽しむことができます。

　また毎日の食事や散歩、しつけ、トリミングや動物病院の受診などを行えるかどうかを考えた上でライフスタイルを見直したり、家族で役割分担を決めましょう。

最初にチェックしておきたいこと

- □ 家族構成とそれぞれのライフスタイル（家にいる時間など）
- □ 自宅の広さ、庭の有無
- □ 犬の世話にあてられるお金（食費、医療費、トリミング費用など）

子犬が家に来るまで

思い立ってから
一緒の生活を始めるまでの
モデルコースを紹介します。

※ブリーダーから譲り受けるケースを例にしています。ほかの購入ルートでは、一部異なる点があります。

START

飼育条件をまとめる

犬の生活空間をどうするかといった環境面や家族の協力態勢についてよく話し合い、家庭の状況を把握します。

情報収集&購入先の決定

インターネットや雑誌、飼い主さんの口コミなどを参考になるべく正確な情報を集め、信頼できるブリーダーを探しましょう。とくにネット上の情報には信用できないものもあるため、十分注意を。

ブリーダーを訪問し、迎える子犬を決める

ブリーダーに連絡を取って「どんな子犬を迎えたいか」を相談し、実際に子犬とその親犬に会って検討しましょう。親犬に会うことは、子犬の成長後のイメージをつかむためにとても重要です。

迎える準備をする

サークル設置やフード・グッズをそろえるなどして飼育環境を整えます。また、ブリーダーのもとで子犬の健康診断とワクチン接種（生後50日を過ぎている犬の場合）を済ませてから迎えるようにすると安心です。

GOAL

子犬が家に来る

子犬が来てすぐのころは、あまり刺激せずにしばらくそっとしておきましょう。体調に異変がないかどうかだけ、注意深く見守ってあげてください。

迎えるまでにしておくこと

子犬探し＆準備のそれぞれの場面で、どこに注意すればいいかを見ていきます。

迎える先の選択

犬を譲り受ける先としては、親犬を確認できるブリーダーがおすすめです。とくにシュナを飼うのが初めての人は、犬種に詳しく、育て方などいろいろな相談に乗ってくれるので安心です。複数のブリーダーを回って実際に犬舎を訪問し、子犬や親犬を直接見てみましょう。時期によっては子犬がいないこともあるので、事前に確認を。どこがいいかは飼い主さんの口コミや評判などを参考に見きわめ、子犬の健康状態や育て方などについて質問してみてください。

もしよいブリーダーが見つからなかった場合は、ペットショップに相談するのもひとつの手段です。

子犬の選び方

純粋にペットとして飼うのであれば、心身ともに健康であることと、骨格や毛質、性格などに「シュナらしさ」があるかどうかを基準に選ぶことをおすすめします。

体質や性格はその犬によって異なりますが、一般的にオスのほうが体が大きく運動量も多く、性格はおおらかな傾向があります。メスはオスに比べると体がやや小さく、トイレも覚えやすいようです。そのあたりも参考に、イメージする「シュナとの暮らし」にぴったりの犬を選んでください。

もしドッグショーに挑戦したいという場合は、ドッグショーに出陳していて受賞経験や実績のあるブリーダーに相談しましょう。

迎える準備

あまり早く親犬やきょうだいと引き離

すのは発達上良くないという理由で、飼い主に子犬を渡すのは生後56日以上と法律で定められています（ブリーダーによってはもっと長いことも）。それまでに子犬と対面して迎えることを決めた場合は、実際に子犬が家に来るまで間が空くことになります。

そのあいだに、子犬を迎える準備をしておきましょう。最低限用意しておきたいものは、左下の表を参照してください。サークルは静かで落ち着く場所に設置する、給水器などは使い方を教える必要があるといった細かい点にも配慮しましょう。

ブリーダーにそれまで子犬の過ごしていた環境（サークルやトイレの設置の方法）や食べ慣れたフードなどを聞き、できる限り同じものをそろえたほうがよいでしょう。子犬自身や親犬のニオイの着いたタオルやおもちゃなどをもらえれば、より安心できるはず。ほかにも、食器やオモチャなどその子犬が慣れ親しんでいるものを譲り受けてくると、環境の変化による緊張を和らげられるでしょう。

サークル、キャリー、散歩グッズなどは、迎える子犬の体の大きさに合うものが基本。成長して大きくなったときのことを考えて、サイズを調整できるものを選んだり、大きめのものを用意して取り替えるなどするのがおすすめです。シュナはおもちゃ遊びが好きな犬が多いので、何種類かそろえておくとよいでしょう。

子犬が複数いるブリーダーなら、先に飼育条件を伝えればそれに合った子犬を提案してくれます。

最低限そろえておきたいもの

- □ サークル
- □ キャリー(ケージ)
- □ ベッド
- □ トイレ、トイレシート
- □ 毛布、タオル(サークルの中などに敷く)
- □ リード(散歩の練習用)、首輪(子犬用の軽いもの)
- □ フード
- □ フードや水を入れる食器
- □ おもちゃ
- □ お手入れグッズ(スリッカー、コーム、ブラッシングスプレーなど／P82参照)

最初の慣らし方

最初は子犬に無理をさせず、少しずつ距離を縮めましょう。

家に迎えた直後は

親きょうだいと離れて新しい環境に連れて来られた子犬は、さびしさや不安で神経を使っている状態です。最初はサークルに入れて「ここ（サークル）は安心できる場所だ」と教え、今いる環境に慣れてくれるまで、1週間ほど静かに見守ってあげてください。

サークルの扉を開けておけば、慣れてきた子犬が自分から出て部屋の中を探検し出すので、コードや観葉植物など危険（感電・転倒）があるものはサークルの周りに置かないようにしましょう。オシッコをしたくなってサークル内のトイレに行くのに間に合わなかったときのために、サークルの外にもトイレを用意しておくと安心です。飼い主さんにじゃれてくることもあるので、踏んだりしないよう足元に気を付けてください。

生活のルールを教える

子犬が慣れてきたら、一緒に暮らす上でのルールを少しずつ教えていきます。寝る時間にはサークルに入れて外を出歩けないようにして、「出して」と鳴かれても無視。しつこく鳴くようならサークルを毛布やタオルで覆うとおとなしくなります。

ほかにも、トイレを覚えたらほめる、イタズラ（家具をかじるなど）をしたら叱るなどその場に合った対応をして、「何をしたら良い／悪いのか」を理解させるようにしましょう。

ほめるとき（左）と叱るとき（下）は、声の高さや大きさ、口調を変えて、「ほめられた／叱られた」と意図が伝わるように。

子犬の健康管理

抵抗力が弱い子犬を病気から守り、健康を保つのに必要なことをチェックします。

動物病院へ行く

最初の受診は緊張するはず。うまく誘導してあげてください。

子犬の健康トラブル

　生後6か月ごろまでに子犬はぐんぐん成長しますが、細菌やウイルス、寄生虫などに対抗する力（免疫や抵抗力）はまだまだ不十分で、危険な感染症にかかる可能性があります。生まれたばかりのころは免疫力が弱く、特定の病気にかかりやすい犬もいるため、子犬を迎えたらなるべく早く（1か月以内）に動物病院で健康診断を受けましょう。このときの動物病院が後にかかりつけになる可能性も高いので、口コミなどをもとに慎重に選びましょう。信頼して任せられる獣医師と動物病院を見つけられれば、成長後も安心です。

初めての健康診断

　最初の健康診断では子犬の健康状態や持病の有無、体質をチェックします。通常は目・耳・口・心音の確認と触診が中心ですが、異常が見つかったら血液やレントゲンなどの検査を行うことも。この診断結果と獣医師のアドバイスをもとに、毎日の健康管理の方針を決めましょう。

　場合によっては、最初の健康診断と同時に1回目のワクチン接種を行うこともあります。診察中やワクチン接種時は、獣医師と協力して子犬を保定（体を動かさないよう抑えること）します。子犬が警戒していたら、飼い主さんが声をかけたりして安心させてあげてください。

“社会化”ができる場・動物病院

　動物病院は、診察や治療、ワクチン接種を行う以外に、ほかの犬と交流して社会化ができる場でもあります。待合室でふれ合うだけでなく、パピークラス（パピーパーティー）といって子犬同士を交流させる催しを開いている動物病院もあるので、ワクチン接種後なら無理のない範囲で参加させてみるのもおすすめ。犬との付き合い方を学べるほか、動物病院に行くこと自体を好きになってもらえるというメリットもあります。

ワクチン接種

感染症予防に欠かせないワクチン。時期や回数を確認し、忘れないようにしましょう。

ワクチンの必要性

ワクチン接種（予防接種）とは、無毒化したウイルスや細菌またはその一部を体内に入れることで前もって抗体を作らせたり、免疫細胞にそのウイルスや細菌の情報を記憶させて、実際にウイルスなどが侵入してきたときにいち早く対応して病気を防ぐためのもの。ワクチンで予防できる病気は多く、きちんと接種して病気を防ぐことが飼い主さんの務めです。

予防できる病気

現在日本で行われているのは、狂犬病を予防するワクチンと、感染症を予防する混合ワクチンの2種類。このうち狂犬病は、法律で3か月齢以上の犬に接種が義務づけられているため、必ず受けさせるようにしてください。混合ワクチンは、発生率が高い複数種類の感染症を予防するもの。義務ではなく任意ですが、愛犬と周囲の犬や人の健康のためにも欠かさず接種しましょう。混合ワクチンには5種混合から9種混合までの種類があり、どれが適切かは環境や地域によって異なるので獣医師に相談を。

狂犬病・混合ワクチンともに1回ではなく定期的に接種するものですが、その時期は犬によって異なります。ほとんどの子犬は、病気に対する免疫を母犬の母乳（初乳）からもらいます。この免疫は生後約2～4か月でなくなりますが、なくなる時期は個体差があり、免疫が切れたかどうかは見た目で判断できません。そのため確実に効果を出すには、生後約2～4か月のあいだに何回か接種する必要があるのです。

また効果を確実に持続させるために、初回接種から1年目以降は、毎年1回分追加で接種しておくと安全だといわれています。

獣医師と相談して、愛犬にぴったりのワクチン接種計画を立ててください

●ワクチン接種によって予防できる病気

犬ジステンパー／犬パルボウイルス感染症／犬伝染性肝炎／犬アデノウイルス２型感染症／犬パラインフルエンザ／犬レプトスピラ感染症／犬コロナウイルス感染症／狂犬病

ワクチン接種スケジュール

幼犬期に
いつ・どのワクチンを
接種すればいいのか、
チャートで確認します。

第1回

混合ワクチン

生後8週以上＆飼い始めてから14日以上に接種します。

第2回

混合ワクチン

第1回目から3～4週間後に接種します。

初回以降も、
狂犬病ワクチンは
混合ワクチンの
3～4週間後に
接種

狂犬病ワクチン

第1回目の混合ワクチン接種より3～4週間後（第2回目混合ワクチンとほぼ同じ時期）に、第1回目を接種します。

第3回

混合ワクチン

第2回目から3～4週間後に接種します。

一般的な
接種の間隔は、
1年に1回

定期的に接種

混合ワクチン・狂犬病ワクチンともに、生後15～18週目以降は定期的に接種するようにしましょう。期間は獣医師と相談して決めてください。

保護犬を迎える

保護団体や行政機関で保護された犬を迎えるのも、選択肢のひとつ。その注意点と具体的な迎え方を紹介します。

保護犬について知る

保護犬の特徴と現状を確認します。

保護犬とは一般的に、何らかの事情でもとの飼い主と離れて動物保護団体（民間ボランティア）や動物愛護センター（行政機関）などに保護された犬のことを指します。シュナは比較的飼いやすい犬種なので保護犬に占める割合はそれほど多くはありませんが、人気に比例して一定の頭数がつねに見られます。

保護犬には、もとの家族や悪質なブリーダーによる飼育放棄、野良犬状態でさまよっていたところを保護されるなどの経験を経て、人間不信や健康上のトラブルを抱えている犬も少なくありません。そうした事情から「保護犬を飼うのは難しい」というイメージで敬遠されることもあるようです。

実際はほかの犬とそれほど変わらず、適切に接すればブリーダーやペットショップから迎えるのと同じように生活を楽しむことができるのです。

その背景には、多くの保護団体や愛護センターで1頭でも多くの保護犬が新しい家族を見つけるために行ってきた、病気の治療やケア、警戒心をやわらげて人と暮らしやすくするといった活動の積み重ねがあります。

多くの保護団体関係者が大切にしていることは、保護犬を「かわいそう」ではなく「この犬と一緒に暮らしたい」と思って迎えてもらうこと。あまり難しく考えずに、迎える犬を探すときの選択肢のひとつとして検討してみるのがおすすめです。

シュナ専門で保護活動を行う団体も（ブリードレスキュー）。シュナの扱いに慣れた人が運営しているので、的確なアドバイスをもらえます。

保護犬の迎え方

保護犬を迎えるための、
基本のコースを
チェックしましょう。

※各段階の名称や内容は一例です。保護団体や動物愛護センターによって異なりますので、申し込む前に確認しましょう。

申し込み

保護団体や動物愛護センターで公開されている保護犬の情報を確認し、里親希望の申し込みをします。最近は、ホームページを見てメールで連絡するシステムが多いようです。

どこにどの犬種がいるかはタイミングで変わるので、まずはシュナのいるところを探しましょう

審査・お見合い

メールなどでのやりとりを通じて飼育条件や経験を伝え、問題がなければ実際に保護犬に会って相性を確かめます（お見合い）。

譲渡会など保護犬とふれ合えるイベントも定期的に開催されているので、この機会にお見合いを行うのもおすすめ

トライアル

お見合いで相性が良さそうだったら、数日間〜数週間のあいだ（試しに）一緒に暮らしてみて、「犬と人の両方が幸せに暮らせそうか」を確認します（トライアル）。

期間は保護犬の状態に応じて変わることも

譲渡前に、飼い方について簡単な研修を行うところもあり。保護犬と里親の快適な生活のためなので、きちんと受けましょう

契約・正式譲渡

トライアルを経て改めて里親希望者・団体の両方で検討し、合意ができたら正式に譲渡の契約を結び、自宅に迎えます。

保護犬を迎えるまで

迎えるための各段階で、
里親希望者が気を付けたい
ポイントは次の通りです。

申し込み

里親の希望を出す前に、犬を飼った経験や飼育条件（生活環境や家族構成ほか）をまとめておきましょう。直接会う前に、必ず担当者から聞かれるはずです。時には経済状況や生活スタイルの細かい点まで質問されることがありますが、里親と保護犬の快適な生活のために必要なことですので、できる限り対応してください。

また、人気のある保護犬だと複数の里親希望者が名乗り出ることがあります。そのときは団体（行政機関）側が希望者の飼育条件をもとに最も適した人を選びますが、選ばれなくてもあまり気にせず「ほかにもっとぴったりの犬がいる」と思いましょう。

時には最初に希望したのとは別の保護犬をすすめられることもあるかもしれませんが、それは団体や行政側が条件などを考慮した上で「この人（ご家庭）ならこの犬のほうがうまくいきそう」と判断されたということ。「つねに家に人がいるなら留守番が苦手な犬でも大丈夫なのでは」などの理由があっての提案なので、最初の希望にこだわらず検討を。

保護犬との相性

飼育条件の確認で問題がなければ、対象の保護犬と直接会って相性を見る段階（お見合い）に移ります。その犬を預かって世話をしている預かりボランティアのお宅を訪問する場合もあれば、保護団体が開催する譲渡会（里親募集中の保護犬とふれ合えるイベント。主に里親探しと保護活動に関する啓発のために行う）で対面を果たす場合もあります。

初対面では保護犬は警戒していることが多く、すぐには寄ってこないかもしれません。時間を置いたり、おもちゃで遊びに誘ったりして様子を見ましょう。また、預かりボランティアや担当者から、その犬のふだんの過ごし方や病気・ケガの回復状況、飼うときの注意などを直接聞いてみてください。

先住犬がいるなら、
一緒に連れて行って
犬同士の相性も確認
してみて

保護犬を迎えてから

保護犬ならではの注意点に配慮して、少しずつできることを広げていきましょう。

保護犬との生活

犬は本来適応力が高く、保護犬でもすぐ新しい環境に慣れてくれることもあります。ただ、スムーズな新生活のスタートには飼い主側の態勢や接し方が重要。ブリーダーやペットショップから迎える場合と同じように、犬の様子を見ながら対応することが大事なのです。シュナは賢い犬ですが、そのぶん最初に嫌な思いをすると信頼関係を築きにくくなってしまうこともあるので注意しましょう。

新しい環境に置かれた犬はまず、危険がないか周囲を観察します。そのあいだは食事やトイレなど最低限の世話だけして、犬が環境に慣れて自然と寄ってくるまで放っておくこと。どれくらいで慣れるかはその犬によりますが、犬自身のペースに合わせることで信頼関係ができますので、気長に待ってあげてください。

もし健康管理やしつけなどで悩んだら、もといた保護団体や動物愛護センターに相談してみましょう。多くの団体や行政機関では、譲渡後の相談を受け付けています。その保護犬を世話していた担当者やほかの里親さんが的確なアドバイスをしてくれるはずなので、抱え込まずに協力をあおぎましょう。保護犬には、複雑な事情を抱えている犬もいます。それを幸せにするには、周りの人と協力して犬と向き合うことがカギになるのです。

同じ団体を卒業した保護犬の集まりは、犬友達作りや情報収集に役立ちます。

シュナコラム
2

迎えるなら成犬？
子犬？

「犬を飼うなら子犬から」という考えがまだまだ一般的ですが、最近は保護犬などで成犬やシニア犬を迎える動きも出てきています。

保護犬の里親探しでネックになりがちなのは、犬の年齢。成犬やシニア犬は、「子犬のほうがすぐ慣れてくれて、しつけもしやすそう」という里親希望者に敬遠されることが多いのです。

実際は、成犬やシニア犬が子犬と比べて飼いにくいということはありません。むしろ「成長後はどうなるのか」という不確定要素が少ないぶん、迎える前にイメージしやすいというメリットがあります。とくに保護犬では里親を募集するまで第三者が預かっているため、その犬の性格や健康上の注意点、くせ、好きなことと嫌いなこと（得意なことと不得意なこと）などを事前に教えてもらえるケースがほとんど。里親はそれに応じて心がまえと準備ができるので、スムーズに迎えることができるのです。

もちろん、健康トラブルを抱えた犬や体が衰えてきたシニア犬の場合は治療やケア（介護）が必要になりますし、手間やお金のかかることもあるでしょう。しかし、子犬や若く健康な犬でも突然病気になる可能性があります。老化はどんな犬でも直面する問題。保護団体（行政機関）の担当者や獣医師と相談して、適切なケアを行いながら一緒に過ごす楽しみを見つけましょう。

年齢を重ねると落ち着いた性格になることが多いので、シニア犬は犬とゆったり過ごしたい人にぴったりです。

Part3

シュナのしつけとトレーニング

シュナは、「自分で判断する」という賢さを持つ犬種。
とにかく厳しくする、体罰を与えるといった方法は
向きません。「お互いハッピー」になれるよう、
ふだんの生活や接し方を見直してみましょう

シュナの性質を知る

シュナと心地よく暮らすには、その性質をよく知ることが大事。ほかの犬種とひと味違った特徴を理解してください。

シュナの個性

シュナはもともと、ネズミなど小型害獣を「自分で見つけて」捕まえるのを仕事としていました。人間との共同作業ではなく、あくまでひとりで仕事をするわけです。つまり人間の指示を聞かなくてもよい。というより、人間の指示を待っているとネズミが逃げてしまうので、瞬時に己で判断する能力が求められるわけです。ここが、人間の指示に従うことに喜びを感じるボーダー・コリーやレトリーバーなどとは違うところかもしれません。

よく犬のしつけで「主従関係が重要」といわれますが、とくにシュナに関しては上下を意識した付き合いはおすすめしません。シュナとのあいだに自然と関係が生まれ、それに従い彼らが言うことを聞いてくれるように、飼い主は振る舞う必要があるだけなのです。

しつけは肩の力を抜いて

シュナの飼い主さんは、犬に関して非常に熱心でがんばりやな人が多いと思います。もちろんそれはすばらしいことなのですが、シュナのしつけではやりすぎやがんばりすぎは逆効果なことがあります。

シュナは小型害獣と闘える気性を持っています。体罰を与えるようなしつけは彼らの攻撃性を引き出し、「噛みシュナ」を生む原因になってしまうことがあるのです。とにかく厳しく、主従関係をはっ

きりさせるという手法は、シュナには合わないのではないでしょうか。

シュナと話し合う

口出ししすぎや過干渉もよくありません。指示ばかりすることで、シュナの魅力である自己判断が減り、いつのまにか指示待ち人間ならぬ「指示待ちシュナ」になってはもったいないですよね。自分で判断して行動するのを見られるのがシュナ飼いの醍醐味。あまりにトレーニングだのしつけだのコマンドだのと縛り付けてしまうと、シュナらしいおもしろいところが失われてしまいます。

まずは指示やコマンドは必要最小限にして、シュナの言うことに耳を傾けてみてはいかがでしょうか。相手はシュナですので、言葉ではなく〝彼らなりの方法〟で会話をすることが可能です。あまり飼い主さんがしゃべりすぎずに、シュナの言い分を聞くような気持ちで日々接してみてください。何となく、その犬の考えていることや飼い主さんに伝えたいことがわかってくると思います。

「お互いハッピー」に

シュナには「自己判断でやらせてみる」ことが楽しいのですが、何でも好き勝手にさせていいわけではありません。社会（他人）に迷惑をかけたり、本犬が危険にさらされるのは御法度。そして、愛と信頼関係の証である「呼び戻し（オイデ）」を必ず教えましょう。

その上で、飼い主さんとシュナの両方がハッピーに暮らせるならそれでいいのではないかと思います。犬に我慢ばかり強いることなく、人も犬も本来あるべき生き方ができることこそ、真の共生と言えるはずです。

シュナとの信頼関係を築きましょう。

しつけのキホン

「コマンドをたくさん覚えさせる」ことがしつけではありません。
最低限この3つさえ覚えてもらえば、ハッピーに暮らせます。

オイデ

いわゆる呼び戻し。
これがマスターできれば、
いつでも自分のそばに
来てくれます。

愛犬の大好きな
とっておきの
おやつを使って

1 おやつを手に持ち、こぶしを作ります。

アトラス！

2 それを犬の頭の高さくらいに下ろして、犬の名前を呼びます。

完全に
来るように
なるまでは
おやつを
使いましょう

3 犬がこぶしに向かって来て、ニオイを嗅いだら手を開いて中のおやつを与えます。こぶしを見つけて必ず来るようになったら、「オイデ」と1回声かけを。

オスワリ

座ってほしいときに
座らせることができれば、
家でも外でも便利です。

1 おやつを手に持ち、こぶしを作ります。

2 こぶしを上に上げると、犬はそれを見上げて頭が上がります。するとお尻が下がり、座ります。

3 お尻が地面に着いたら「それでいいんだよ」という意味の言葉（「ヨシ」など）をかけ、手の中のおやつを与えます。

おやつ（ごほうび）に使うのは？

おやつを使って誘導しても、言うことを聞いてくれない……。そんなときは、その“おやつ”を見直してみては。「いつものフードよりも犬が本興味を持つもの」を使うのがおすすめです。レバーやチーズは人気がありますが、愛犬の好みをしっかりと把握しておくことが大切！

マテ

**じっとさせることができれば、
犬の困った行動の
予防に役立ちます。**

1 「オスワリ」をさせてから、「マテ」の指示を出します。

2 犬が待てそうな時間じっとさせます。最初は数秒程度から始めましょう。

3 「ヨシ」などの言葉でマテを解除し、おやつを与えます。

4 「マテ」から「ヨシ」のあいだの時間は、秒数を数えるようにすると記録が伸びやすくなります。

おやつを床に置く、手のひらに乗せるといった「犬におやつが見えるマテ」よりも、「おやつが見えなくてもじっとしていられるマテ」のほうが応用がきくのでおすすめ。

問題行動への対処

吠える・噛む・飛びつくなど、愛犬に問題行動が見られるときには、まず愛犬との正しい関係を作ることが大事です。

シュナは番犬気質があるので、吠えやすい犬種でもあります。

ベース プログラム

シュナの問題行動で困っているときにおすすめのプログラムです。

このプログラムは、〝愛犬との関係を良くするための基本のルール〟です。問題行動があって困っている愛犬に対して実施するものですが、すべての問題がこれで解決するわけではなく、問題が深刻な場合には、これだけでは改善されない場合もあります。また問題行動がない場合には、実施する必要はありません。

注意してほしいのは、（このベースプログラムも含め）一般的なしつけのマニュアルは、「必ずどの犬にも当てはまるものではない」ということです。マニュアル通りにやって問題行動が改善しなかったとしても、飼い主さんが悪いわけでも、愛犬が悪いわけでもありません。

もしそのような状態になってしまったら、その犬や飼い主さんにとって、どういうしつけやトレーニングが必要なのかを判断できるプロ（ドッグトレーナーや行動学に詳しい獣医師）に相談することをおすすめします。

犬のしつけやトレーニングは、とても繊細で奥が深い作業です。心がけたいのは、まず犬という動物を受け入れて、出ている問題行動をうまくコントロールする方法を考えること。それが、犬といちばん仲良くなれる方法なのではないでしょうか。

program 1

ハウストレーニング

ハウス（ケージ、サークル、クレートなど）を決まった場所に置き、愛犬が安心できるところを作ります。留守番や夜寝るときにはハウスに入れて扉を閉めること。それにプラスして、できれば1日1回、在宅時に60分くらいハウスに入れましょう。

ハウスに入れているときは、目を合わせず、話しかけてもいけません。60分経っても、騒いでいたら出しません。静かにしていたら出してやってください。もっと長く入れておきたい場合には入れておいてもかまいません。ただし、6～8時間経ったら排泄させてください。上記以外の時間はハウスの扉を開け、自由に出入りさせます。

1日1回
60分が目安

→ 「出たくても
我慢しなければならない」
「あきらめなければならない」
ということを犬に教えます

program 2

テリトリーを制限する

犬を入れたくない部屋がある場合には、入れないように対策をしましょう。キッチンは危険なので入れないようにしたり、玄関にも行けないようにしたほうが、脱走などの心配がなくなります。

↓

「入れたくない部屋に
入れないように叱る」のではなく、
「管理することでお互いの
ストレスを減らすこと」で、
よりよい関係を築きます

愛犬が入れないよう、柵などを
利用するのもおすすめ

program 3

降ろし方に注意

ソファ、イス、ベッドなどの高いところには乗せてもかまいませんが、降りてほしいときに降りないときは、おやつなどでトレーニングします。無理やり降ろすのは、信頼関係を損ねる可能性があるのでやめましょう。

↓

「犬が高いところに上ると威張るようになる」という説もありますが、根拠はまったくありません。ただ、飛び降りると危険な場合があるので、飼い主さんがしっかり見守りましょう

ソファに乗ったときに、首輪をつかんで無理やり降ろすのはNG

program 4

要求に応えられないときには、そう伝える

要求されたら、付き合えるときには付き合い、ダメなときには「今はダメであること」をきっぱりと伝えましょう。時には毅然とした態度も必要です。その後に時間ができたら、しっかり向き合って遊んであげてください。

↓

すべての行動やゲーム（遊びなど）は、飼い主さんと愛犬、お互いが楽しくあるべきです。あまりルールにこだわらずに、心から楽しんでください

遊べないときは、きっぱり断るようにしましょう

program 5

ほめる・叱る

ほめるときは犬が喜んでいることを確認してください。叱るときはその必要があるか十分考えてからにして、ムダに叱るのはやめましょう。「できないのはわからないから」ですから、教えてあげればいいのです。

↓

ほめるときは大げさなくらいに、
叱るときは熱く長くなりすぎず、
ムダなエネルギーは使わないこと。
そのほうが飼い主さんの
気持ちを伝えることができます。
興奮しすぎた場合は、
ハウスでクールダウンを

ほめるときはテンションを高く

叱るときは毅然とした態度で

program 6

おもちゃの管理

犬のおもちゃはバスケットなどに入れて、犬が自由に遊べるようにしてやりましょう。バスケット内のおもちゃを入れ替えてローテーションするようにすると、久しぶりのおもちゃを新鮮に感じ、楽しく遊んでくれやすくなります。おもちゃを要求するときもありますが、吠えているときは応じないようにして、静かにしていたら与えましょう。

↓

「おもちゃは飼い主が管理すべき」と
いう説がありますが、
その必要はありません。
ただ、危険がないかどうかは
飼い主さんがしっかりと管理すべき。
誤飲などの事故がないよう、
注意深く見守りましょう

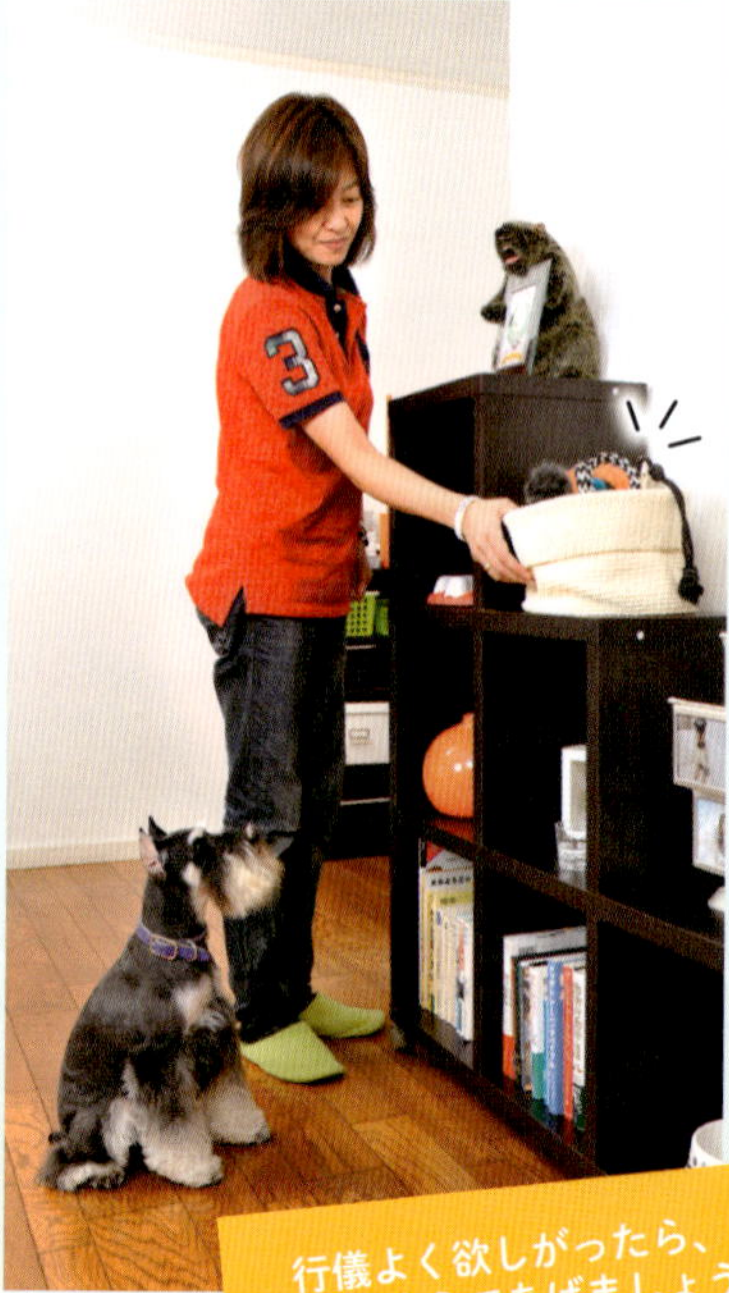
行儀よく欲しがったら、要求に応えてあげましょう

program 7

ふれあいタイムと自分タイム

遊ぶときはしっかり遊んであげます

愛犬とふれあうのは幸せなひとときですが、お互い自分の時間を過ごすことも大切です。「ふれ合わなくちゃ！」と思ったり、不自然に無視するようなことはせず、自然に接するようにしましょう。シュナはそれを察することができる犬種です。

↓

話しかけすぎるより、言葉を少なくして、ボディランゲージや心でコミュニケーションするようにしてみてください。できるだけいつも同じ言葉を使うようにすると、シュナとの会話がぐんとレベルアップします

お互いの時間を楽しめる習慣も作りましょう

program 8

一緒に楽しく歩く

景色を楽しみながら、楽しく歩くことを心がけて

散歩は十分に行い、適度にエネルギーを消費させること。基本は飼い主さんのペースで歩きますが、危険がなければ犬のペースに合わせてやるのもよいでしょう。ニオイを嗅がせる場合は、ほかの犬の排泄物などで汚れていないか注意してください。

↓

散歩の目的は、人と犬とが共有する楽しい時間を過ごすことです。愛犬の体調や気持ちを観察して、お互いのことを気にしながら歩けるようにしましょう

program 9

「行ってきます」と「ただいま」の注意

留守番をさせるときは、出かける15～30分くらい前から、あまり興奮させすぎる遊びはしないようにしましょう。帰宅時は喜びすぎて大騒ぎになりがちですが、近所迷惑になるようなら、おやつで気を引くなど工夫しましょう。

↓

出かけるときに寂しがって
情緒不安になるときは、
おやつを詰めたおもちゃなどで
気を紛らわせてあげましょう。
ふだん食べさせないような、
とっておきのものがおすすめ

出かけるときは、
大げさなあいさつを
しないようにしましょう

program 10

シュナを安心させてあげられる存在に

犬という動物を受け入れて、落ち着いた権威を持ってシュナと接してください。どんな場面においても、飼い主さんの不安はシュナに伝わります。シュナを安心させてやるためには、自らの精神状態も安定させ、リラックスした上で堂々と振る舞うことが大事。大きな愛情で愛犬を包んでやる気持ちで、愛犬と向き合いましょう。

→

飼い主さん自身の
精神状態も大切です

人と犬という種が
うまく付き合って行くために
大事な「受け入れる」こと。
受け入れられない状態では、
ほめることも、叱ることも、
正しい意味で
成り立ちにくくなります

甘噛み

**甘噛み自体は
悪いことではありません。
加減を教えてあげましょう。**

1 犬が遊びで甘噛みをしてきたときには、痛くなければそのまま一緒に遊んでもかまいません。

2 痛いようなら、代わりのおもちゃを用意。それで遊びに誘いましょう。

3 甘噛みよりも楽しい遊びに誘導できるように、おもちゃを何種類か用意するなど工夫しましょう。

体罰はNG！

甘噛みをやめさせるために、マズルをギュッとつかんだり、指をのどの奥まで突っ込んだりするという方法が推奨されていたこともありました。しかしこれは逆効果！　人の手に対するイメージが悪くなり、ひどくなるとなでようとした手を噛んでくるようになることも。

甘噛みが痛いようなら、力で押さえつけるのではなく、ほかのことやものに誘導するように心がけてください。

飛びつき

**犬はうれしくて
飛びついてしまうことが
ほとんど。
オスワリで落ち着かせます。**

オスワリ！

1 犬が飛びつこうとしたら、「オスワリ」の指示を出します。

good！

2 オスワリしたらしっかりほめて、おやつを与えます。

memo

飛びつきはそもそも「禁止しなければいけないこと」ではありません。飛びつくこと自体ではなく、たとえば「服が汚れる」、「転ぶ」などのトラブルを招く可能性があるときに注意が必要なだけ。飛びつかれたら困るときは、「オイデ」と「オスワリ」で防げばよいのです。

ドアホン吠え

**吠えることより
おやつを優先してくれる
犬であれば、
この方法がおすすめ。**

愛犬の
好きなものを
選んで

1 トレーニングの前に、おやつを詰められるおもちゃを用意します。

2
①のおもちゃを準備した上で、ほかの人にドアホンを鳴らしてもらいます。

3
ドアホンの音を合図に、おもちゃを使ってマットに犬を誘導します。

4
そのままおもちゃを置いて、その場を離れます。犬がおもちゃに興味を持たず吠え続けてしまう場合は、中に入れるおやつに工夫を。

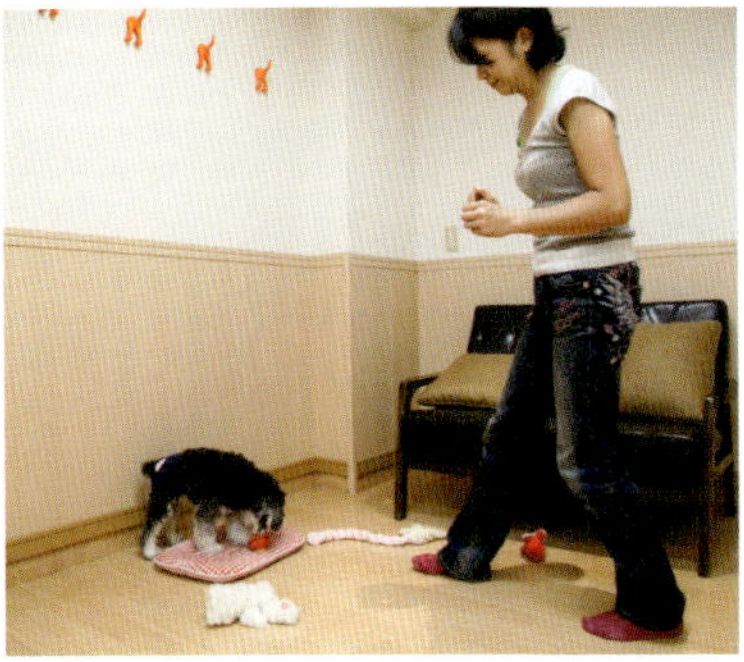

5
これを何度か繰り返すと、犬は「ドアホンが鳴ってマットの上に行くといいことがある」と学習します。

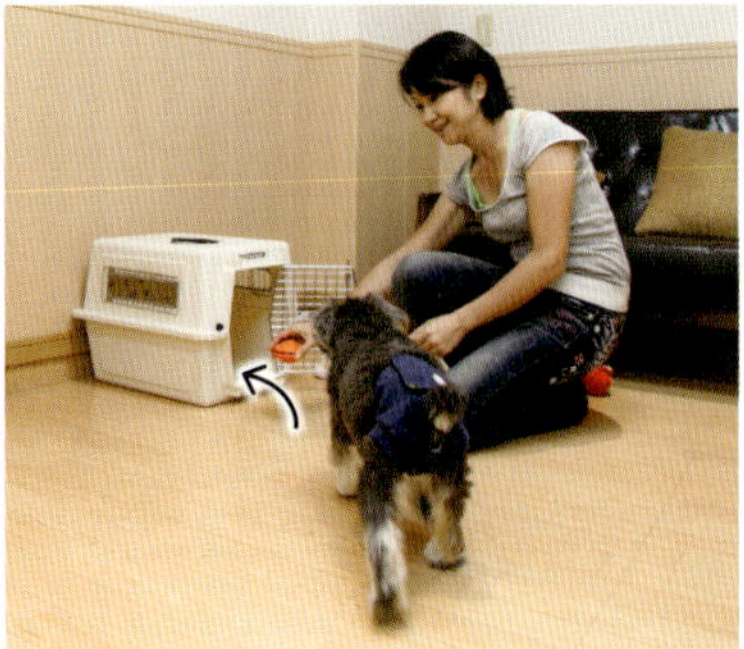

6
誘導先は、マット以外にクレートでもかまいません。「いつも決まった場所」にすることが大事です。

memo

ドアホンに吠える理由は、「人が入ってくるのが怖い」、「人が入ってくるのがうれしい」、「人が入ってくるのに興奮する」という3つのいずれかであることが多いようです。おもちゃに詰めるおやつは、愛犬が大好きなものにしましょう。

生活に役立つトレーニング

お散歩やトイレは、毎日のこと。
シュナにぴったりの上手なトレーニング法をご紹介します。

お散歩

飼い主さんと一緒に、
楽しく家の近所を
歩く散歩を
取り上げます。

1 犬が歩く位置を、自分の右か左か決めます。(この場合は左)

2 リードは、犬が首を下げるとやや苦しいと感じるくらいに短く持ちます。

3 ゆっくり歩き出し、たまに歩くのをやめて止まります。

4 犬が自ら止まるまで待ちますが、指示や声かけはしないでください。

5 リードをゆるめても犬がじっとしているようだったら、しっかりほめます。

6 慣れてきたら、止まっているあいだは「オスワリ」をさせてみましょう。

7 「行こう！」などと声かけで合図して、一緒に歩き出します。

シュナ散歩の心得

お散歩のポイントは「ずっと飼い主に集中して上を見上げて歩かせること」ではなく、「飼い主さんと一緒に歩くこと」。飼い主さんと一緒に歩けているようなら、（犬にとって危険だったり、他人に迷惑をかけることがなければ）犬が多少前に出るのはよしとしたいと思います。一緒に歩けているかどうかを判断する基準は、「飼い主が止まったら、愛犬も自ら止まること」です。

最初はゆっくり歩くのがコツ。一緒に歩けるようになってきたら、歩く速度を変えるなどしてステップアップしていきましょう。飼い主さんの目線は、犬に向けすぎないよう注意。できるだけ前を向いて、姿勢をよくして歩くようにに心がけてください。

トイレトレーニング

マーキングを防ぐための
トレーニングです。

おやつ

おやつで誘導すると自分で入らなくなるので、やめましょう。ハウスの扉を開けて、自ら入るチャンスを待ちます。

1 自分で入ったら、排泄するのを静かに見守ります。飼い主さんがあまり見つめすぎると、できなくなる犬もいるので注意。

声が
大きすぎたり
力強すぎたり
しないよう
注意
ワン・ツー
ワン・ツー

2 排泄が始まったときに「ワン・ツー」などと声をかけると、声の合図で排泄してくれるようになります。やさしく心地よい声で。

いい子だね

3 排泄が終わったら、やさしいトーンで「いい子だね」などと声をかけ、おやつを与えます。

memo

寝起き、食後、運動・遊んだ後などが排泄のタイミングになりやすいので、それをうまく利用しましょう。トイレを覚えてからも、2歳くらいまではおやつを使うのがおすすめ。マーキングの被害を防ぎやすくなります。

シュナとの遊び方

「シュナとどうやって遊んだらいいかわからない」という
飼い主さんが多いようです。
ボール投げや引っ張りっこなど“定番”以外の遊びもおすすめ。

パペットファイト

手を入れて動かせる
ぬいぐるみで、
シュナとプロレスごっこが
できます。

1 犬同士で遊んでいるのを観察すると、お互いの口元あたりを噛みっこしています。それと同じように動かしてやるとよいでしょう。

2 不規則な動きを交えると、犬はかなり本気になって遊びます。

3 遊んでいるうちに犬の噛み方が強くなることがあるので注意。興奮しすぎたら、「オスワリ」などで落ち着かせましょう。

じゃらし棒

獲物をハンティングする
意欲をかき立てるよう、
実際の獲物の動きを
再現してください。

1 棒の先についたおもちゃをすばやく動かします。こうすると、捕まえる過程を楽しませてやることができます。

猫用は
壊れやすいので、
犬用を
使いましょう

2 うまく動かすと、犬はかなり興奮してきます。

チョウダイ

3 興奮していても、「チョウダイ」の合図でくわえたものを出せるように練習しておきましょう。

知育パズルのススメ

遊びの要素としては、運動だけでなく頭を使うことも大切。天気の悪い日が続いたり、犬がケガをしているなどで十分な運動をさせてやれないときは、知育パズルもおすすめです。

写真はおやつを隠せるタイプの知育おもちゃ。中にいくつかおやつを仕込んでおくと、犬はニオイを頼りにおやつを探し始めます。「どこに隠されているか」を考えさせることで、頭を使わせます。これは、子犬のエネルギー発散だけでなく、シニア犬の脳の活性化にも役立つのでおすすめです。

ゲームを楽しむ

「マテ」、「オスワリ」、「オイデ」がマスターできたら、
シュナ友と楽しくゲームにチャレンジしてみましょう！

ミュージカルチェア

飼い主さんはイスに座り、
シュナはオスワリ。
息を合わせましょう。

K9ゲームとは？

アメリカのイアン・ダンバー博士が考案した、ドッグトレーニングの要素を盛り込んだ各種ゲーム。「犬が人と一緒に暮らすために必要とされる資質やマナーを楽しく身に着けられること」を目的として考えられています。徒競走やイス取りゲーム、ダンスやモッテコイ競争など、「犬の運動会」とも言えるゲームが９種類あります。

1 スタートの合図で、飼い主さんは犬と一緒にイスの周囲を歩きます。音楽をかけるとさらにgood！

2 ストップの合図で飼い主さんは犬に「オスワリ」を指示します。

3　犬がオスワリをしたら、飼い主さんは「マテ」の指示を出して空いているイスに座ります。犬が途中でマテを崩したらもう１回チャレンジ！

4　長く座っていられた犬が勝ち。イスの数を参加人数より１つ少なくして、座れなかった人が負けになる勝ち抜き戦（イス取りゲーム）もおすすめ。

ドギーダッシュ

2頭でスピードを競います。ゴールはシュナがオスワリしたとき。

1　犬と犬を押さえておく人をスタートラインに待機させ、飼い主さんは距離を取ります。

2　スタートの合図で犬を放ち、飼い主さんは犬に「オイデ」と指示します。

3　犬が飼い主さんに近付いたら「オスワリ」を指示します。早く座れたほうが勝ち。

トイ・レトリーブ

「置いているおもちゃを持ってくる」という、ちょっと難易度の高いゲームです。

ⒶとⒷの
大きさは
できるだけ
同じくらいに
Ⓑ
Ⓐ

1 持ってきてほしいおもちゃⒶを床に置き、そこから少し離れた場所で犬におもちゃⒷを見せます。

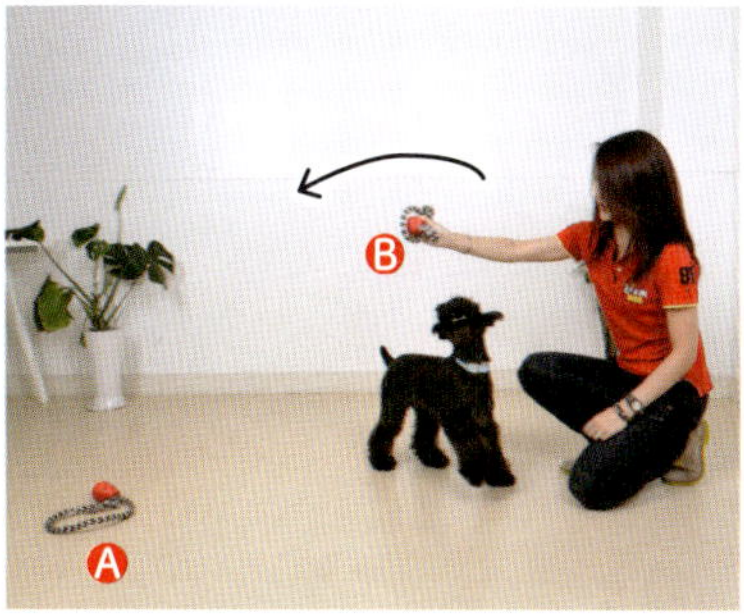
Ⓑ
Ⓐ

2 Ⓑを持った手で（Ⓐのある方向へ）投げるふりをして体の後ろに隠し、犬が床に置いてあったⒶをⒷだと思うように誘導。

モッテコイ
Ⓐ
Ⓑ

3 犬が置いてあったおもちゃのところへ行ったら「モッテコイ」などの声をかけます。

いい子！

4 犬がⒶを持ってきたら、おやつを与えてほめます。これを繰り返すことで、犬は「モッテコイ」と言われたら置いてあるおもちゃを持ってくればいいと覚えます。

memo

各家庭ではもちろん、ドッグランやオフ会などでお友達と一緒に楽しみながらやることで、犬の意欲もアップします。賞品を用意したりチーム対抗戦にすると、さらに盛り上がります！

シュナコラム
3

寡黙になって通じ合う!?

愛犬にはつい話しかけたくなるもの……。でもシュナに限ってはちょっと要注意かもしれません。

「うちの子が何を考えてるのかさっぱりわからない」という飼い主さん、割といらっしゃいます。どのように接しているのか様子を見させてもらうと、とにかくシュナに一方的に話しかけまくっていることが多いです。「●●ちゃん、こっちですよ～」、「ごはんもうすぐだからね～」、「先生来たよ～」、「ちょっとハウスしようか～」などなど……。

シュナは、人の話を本当によく聞く犬種だと思います。頭に情報としてしっかり入れようとするものですから、飼い主さんがあまりに話しかけると、シュナの頭の中は飼い主さんからの情報で飽和状態になってしまいます。すると、自分で考えることをやめてしまうことがあるんです。それって、「自分で判断するのが得意」なシュナらしくないですよね?

飼い主さんが「何を考えているのかわからない」のは、情報を与えすぎて、犬からのメッセージを聞こうとしてないからかも。まずは、かける言葉を意識的に減らしてみてください。すると、何を考えているかが意外とクリアにわかる可能性があります。

また、飼い主さんがしゃべりすぎたりコマンドを出しすぎたりすると、犬が集中して聞かなくなることもあります。たまに言われるからこそ注意力を持って聞いてくれるはず。ちょっと試してみてはいかがでしょうか。

Part4

シュナの
かかりやすい病気＆
栄養・食事

丈夫なシュナですが、
やはり「かかりやすい病気」もあります。
注意したい病気とその対策、シュナならではの
栄養学を知っておくと安心です

シュナのカラダ

まず、シュナの健康管理で注意したいところをチェック。

目

網膜、結膜の異常などが原因で、白内障や進行性網膜萎縮にかかることがあります。失明につながるケースも多いので要注意。

耳

外耳炎が多く見られます。耳から異臭がするときは、耳の中で皮膚のトラブルが起こっているかも。ふだんからよく観察を。

皮膚

食物アレルギーやアトピーによる皮膚炎にかかると、それが引き金となって感染症を引き起こすことも。原因の特定・対処と皮膚のケアが重要。

心臓

咳をする、疲れやすくなるなどの症状が見られたら、僧帽弁閉鎖不全症の可能性あり。早めに動物病院へ。

その他

がん（悪性腫瘍）や高脂血症、糖尿病、甲状腺機能低下症なども比較的多く見られます。とくにがんは腫瘍のある部位や状態、高脂血症は原因となる病気（基礎疾患）によって適切な対応が異なるため、詳細な検査を受けましょう。

泌尿器（腎臓・膀胱など）

シュナで多いのが泌尿器のトラブル。スムーズに排泄ができなくなると体全体に影響が及ぶので、ふだんから飲水量やオシッコの色・量・回数をチェックしておきましょう。

関節

膝蓋骨脱臼やレッグ・ペルテスに要注意。足や腰をさわられるのを嫌がるようなら、動物病院でレントゲン検査を。

泌尿器の病気

泌尿器の病気のなかでも、とくにシュナに多いのが尿石症。症状と対処法をチェックしましょう。

尿石症とは

結石の種類や状態によって対応の仕方が変わります。

シュナに多い尿石症

泌尿器系の病気は腎臓、膀胱、尿管など異常が起こる部位によって細かく分けられますが、シュナによく見られるのは、膀胱より下の下部尿路に結晶や石（結石）ができて起こる尿石症（尿結石）です。

　これは尿の中の特定の成分（ストルバイトやカルシウムなど）が固まって固形物（石や結晶）になり、尿の通り道（尿路）をふさいでしまう病気。シュナに起こりやすい理由については諸説ありますが、「不要なものを排出する代謝の過程で異常が起こる傾向がある」という遺伝的な事情が関係しているともいわれています。

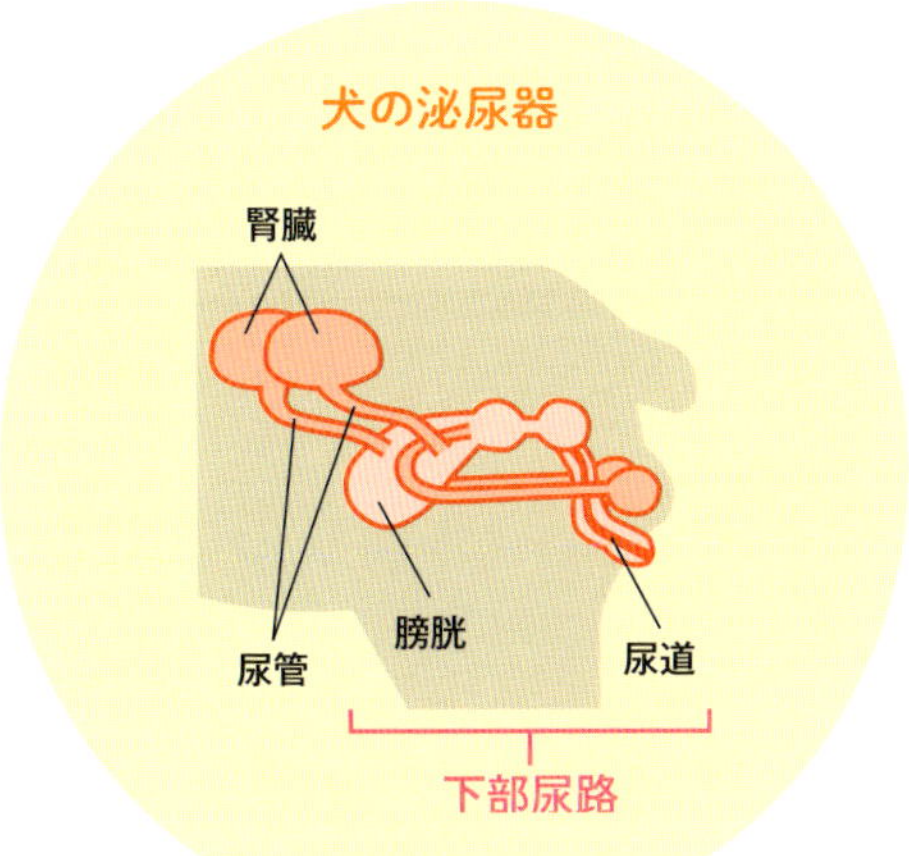

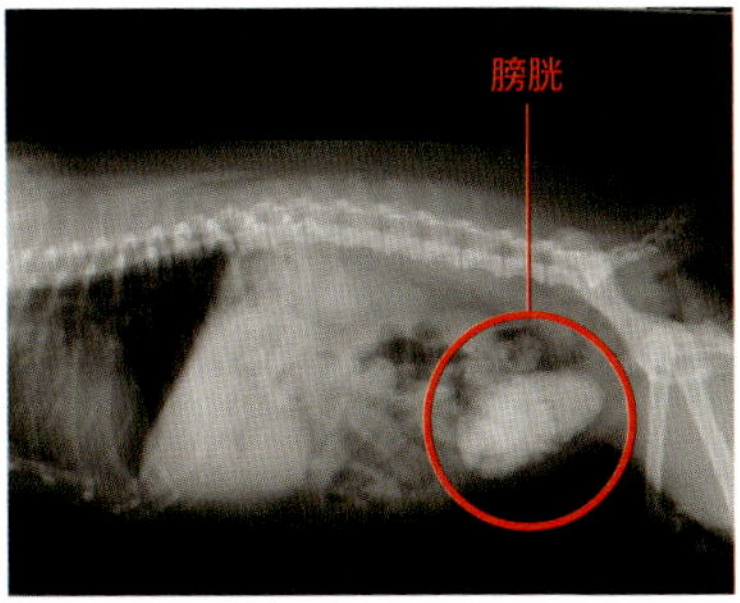

尿結石によって尿路が詰まると膀胱が膨らみ、レントゲンでもわかるようになります。

症状と見分け方

尿石症の症状を知り、サインを見逃さないようにしましょう。

定期的な検査でチェック

結晶や石が小さいうちは、それほど排泄の邪魔にならないため生活に支障はありません。しかし石が大きくなったり数が増えると尿路が詰まって尿を出すことができなくなります。その結果体調が悪化し、最悪の場合は死に至ることも。早めに異常に気付いて治療することが回復につながるので、かかりつけの動物病院で定期的に診てもらいましょう。

受診する際に、最近のオシッコの頻度や排泄するときの愛犬の様子を獣医師に伝えると診断の参考になります。たとえば、回数が少ないとそのぶん尿が濃くなって尿中の成分も固まりやすい＝尿石症になりやすいとされています。

また、尿が薄いときは細菌性膀胱炎などで細菌尿（尿路が感染していて、尿中に細菌がいる状態）になっている可能性も。細菌尿になると、より石ができやすくなり尿石症を悪化させることもあるのです。左の表を参考に、愛犬の日ごろの様子をチェックしてください。

尿石症 CHECKシート

- □ 尿のニオイがいつもと異なる
- □ 尿が一度に少ししか出ない、頻繁にオシッコをしようとする
- □ 長いあいだオシッコの体勢のままでいる（すぐに尿が出ない）
- □ 尿の色に異常がある（ピンク、黄色、薄い・濃いなど）
- □ トイレまで間に合わず、粗相してしまう
- □ 膀胱をさわったときに硬い感触がする、さわると嫌がる

↑ これらのサインが見られたら、動物病院で尿検査を！

主な対処法

尿石症だと診断されたときの
治療やケアについて
解説します。

結石に合った治療を

尿石が小さいうちは、膀胱を洗浄すれば洗い流すことが可能。その後、再発を防ぐために結石の種類（下表）を見きわめた上で、抗生物質の服用や生活習慣の見直しを行います。

尿石症は慢性化しやすいため、食事を石のできにくいフードに変える、水をたくさん飲ませる、運動量を増やすといった自宅での継続的なケアが必要になります。獣医師と相談した上で、愛犬の体質と症状に合ったやり方でケアを続けていくことが大事です。

すでに石が大きい（症状が重い）ケースでは、外科手術で石を取りのぞきます。その場合も、手術後に新たに石ができることもあるので、同様のケアが必要でしょう。

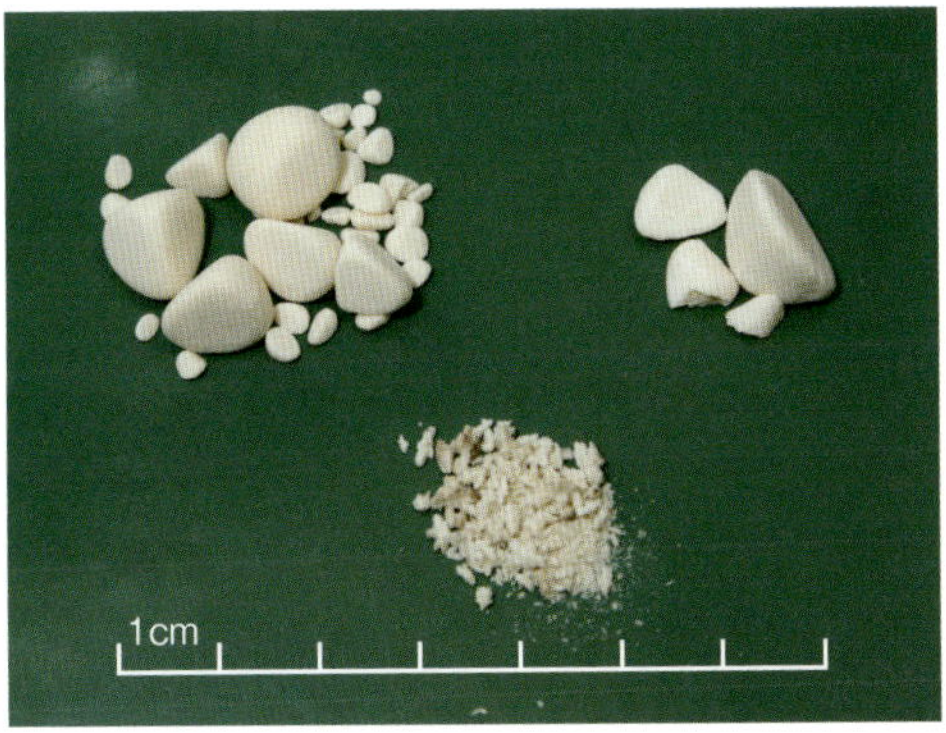

実際に犬の体にできていた結石。
サイズや種類はさまざまです。

尿結石の種類

ストルバイト	アルカリ性の尿でできやすい。
シュウ酸カルシウム	尿がアルカリ性でも酸性でもできやすい。
酸性尿酸アンモニウム シスチン シリカ	ストルバイトとシュウ酸カルシウムに比べると、あまり見られない。

がん（悪性腫瘍）

**早期発見できれば治療は可能。
主な種類と治療法を確認します。**

がん（悪性腫瘍）とは、異常な細胞（がん細胞）が増え続け、体の組織やその働きに悪影響を与えることで起こる一連の病気を指します。ある程度の予防はできても完全に防ぐことは難しく、また発症した部位や種類によっては命にかかわる重大な病気です。発見が早いほど完治の可能性が高まり、完治しない場合も緩和ケアがしやすいので、定期的に検査を受けることが肝心です。

がんの種類

とくにシュナが
かかりやすいものを
取り上げます。

エプリス（歯肉腫）

歯ぐきにできる腫瘍で、線維性・骨性・棘細胞性の3種類があります。良性腫瘍（体に害がないもの）ですが、棘細胞性は放置しておくと大きくなってあごの骨を溶かすことがあるので注意が必要です。

症状

- 歯ぐきに腫れやしこりができる
- 口臭
- よだれが多く出る、食欲不振
- ものが食べにくい（飲み込みにくい）
- 歯ぐきや口からの出血

治療

- **外科手術**
  棘細胞性で下あごの骨に到達している場合は、下あごの骨を含めて手術で切除します。また、ふだんから歯石を除去して歯肉炎や歯周病を防ぎ、口内を清潔に保つことが予防につながるともいわれます。
- **放射線治療**
- **化学療法**

メラノーマ

メラニン細胞（皮膚の色素と色を作り出す皮膚細胞）から腫瘍が発生する皮膚がんの一種で、良性と悪性があります。さまざまな部位で起こりますが、口の中に発生したときは悪性の可能性が高くなります。肺などほかの臓器に転移すると、死に至ることがあります。

症状

- 黒っぽいしこりができる
- 口臭
- よだれが多く出る、食欲不振（口内に痛みがあるため）
- 口からの出血

治療

- 外科手術
- 放射線治療
- 化学療法

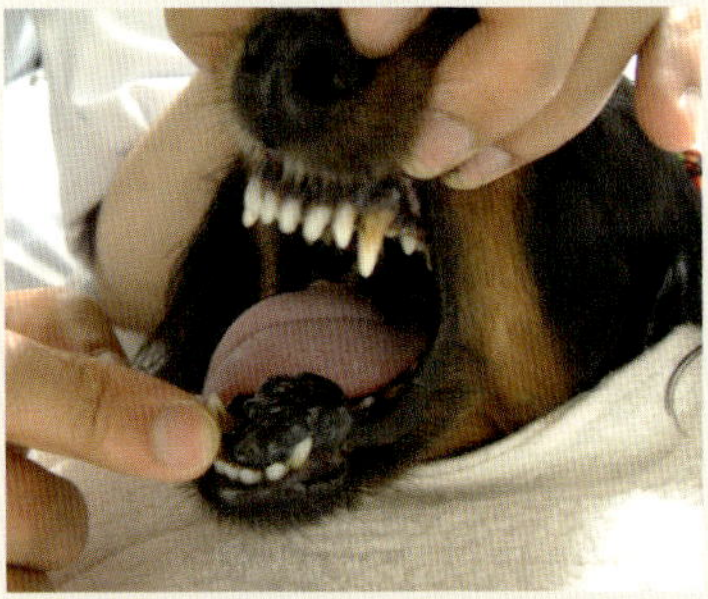

メラノーマを発症し、口に腫瘍ができている（雑種）。

肥満細胞腫

主に皮膚に見られる腫瘍で、良性と悪性があります。内臓にできることもありますが、犬の場合はほとんどが皮膚に発生します。

腫瘍の外見はさまざまで、見た目だけで悪性かどうかを判断するのは難しいもの。ほかの臓器にも転移しやすいので、近くにあるリンパ節などに転移する例が多く見られます。

イボや湿疹に
見えることも
あるので、皮膚に
何かできたら
気を付けて！

症状

- 皮膚が赤くなる
- 吐き気、下痢
- 血が止まりづらい

治療

- 外科手術
- 放射線治療
- 化学療法

主な対処法

がんの主な治療法は次の３つ。
獣医師と相談して
決めましょう。

外科手術

●特徴

発症した（腫瘍のできた）部位のがん細胞を切除する治療法。問題のある部位を完全に取りのぞくことができれば、確実に完治につながります。がんのある部位や進行状況によっては、手術できないことがあります。

●注意ポイント

まだ腫瘍が小さいうちに発見して対処すれば、手術はより成功しやすくなります。初期であればほかの部位へ転移している可能性も低いので、早期発見・早期対応が重要。

放射線治療

●特徴

がん細胞に放射線を当てる治療法。小さい腫瘍はそのまま消滅させ、大きいものは小さくする（進行を抑える）ことができます。主に脳や鼻の中など外科手術が難しい部位のがんなどで行われます。

●注意ポイント

外科手術ができないときの手段として有効ですが、効かない腫瘍や転移の可能性もあることを頭に入れておきましょう。また、犬の体質によっては副作用が起こることもあるので、事前によく確認を。

化学療法

●特徴

抗がん剤など薬を使用する治療方法。メインで行うこともあれば、外科手術や放射線治療などほかの治療法のサポートとして行う場合もあります。これまでは従来の抗がん剤が主に使われていましたが、最近では人間のがん治療で使われる分子標的薬も導入されつつあります。どちらも腫瘍を小さくしてがんの進行を抑えるほか、取りのぞきやすくすることができます。

●注意ポイント

薬をメインで使うのかほかの治療法の補足として使うのか、どの薬が合っているか、副作用があるか、どのくらいの期間使い続けるのかといった点を考慮して判断するようにしてください。

高脂血症

**意外とシュナに多く、
さまざまな病気を引き起こす点に注意です。**

高脂血症のメカニズム

かかりやすい体質である
ところに不摂生が重なると、
発症しやすくなります。

高脂血症とは「血液中に脂肪関連物質が多い状態」で、それ自体が特定の症状を示すことはありませんが、糖尿病などほかの病気の引き金となります。シュナはもともと高脂血症になりやすく、脂肪の多い食生活や甲状腺機能低下症などほかの病気（基礎疾患）がきっかけで発症することが多いようです。治療には、内分泌系の病気に詳しい動物病院で検査を受け、原因を突き止めることが重要です。

高脂血症の仕組み

甲状腺機能
低下症など
ほかの病気
（基礎疾患）

高脂肪の
食事や
運動不足

生まれつき
高脂血症に
なりやすい体質

←

血液中に
脂肪関連物質が
異常に多い状態

←

糖尿病などの
病気

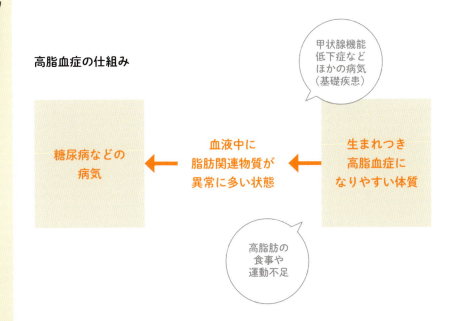

主な対処法

高脂血症が原因の
病気や基礎疾患を
治療しながら、生活習慣を
見直しましょう。

検査で原因を特定

高脂血症は、原因によって適切な対応が異なります。「血液中の脂肪関連物質の値が高い」という状態は同じでも、多いのが中性脂肪かコレステロールかによって、引き起こしやすい病気や避けるべき食べ物が変わってくるからです。

その点をはっきりさせるには、血液のスクリーニング検査を受けることが不可欠。コレステロールはもちろん、中性脂肪の値も含まれた検査を定期的に受けることが、早期発見への近道です。とくにシュナのような高脂血症にかかりやすい犬種は「単に脂肪の少ない食事を与えていれば予防・改善できる」というイメージが通用しないことも多いので要注意です。

愛犬の〝基準値〟を知る

高脂血症の早期発見のためには、できれば健康なうちから定期的に検査を受けて、愛犬の「正常な状態」の脂肪関連物質の値を記録しておきましょう。ふだんから記録を取ることで愛犬の〝基準値〟を理解しておけば、そこから大きく外れた（異常が起きた）ときに気付きやすくなるのです。

もちろん、栄養バランスのよい食事や適度な運動も有効な手段。定期的な検査と並行して生活習慣を見直し、リスクを減らしてあげてください。

高脂血症が原因で起こる病気の治療

血液中に脂肪関連物質が多い状態が長く続くと、さまざまな病気にかかりやすくなります。高脂血症の対策とは別にそれぞれの病気の治療が必要になるので、獣医師と相談してください。高脂血症が引き起こす主な病気は次の通りです。

糖尿病 →P71を参照

腎臓病

腎臓の機能に障害が起こり、体内の老廃物の除去や水分量の調節がうまくできなくなる病気。症状は多飲多尿、尿毒症による嘔吐、食欲不振など。

すい炎

すい臓がうまく機能しなくなる病気。急性と慢性があり、急性では嘔吐や元気・食欲の低下などの症状が見られ、重くなると虚脱やショック症状に陥ることも。慢性は急性よりも程度は軽いものの、よく似た症状を断続的に起こします。

基礎疾患の治療

特定の病気（基礎疾患）が引き金となって高脂血症になることも。その場合、基礎疾患を治療すれば血液中の脂肪関連物質の値も正常になる可能性があります。基礎疾患には甲状腺機能低下症（P71）やクッシング症候群（副腎皮質機能亢進症／多飲多尿や脱毛などが起こる）をはじめいろいろな病気の可能性があるので、きちんと確認してから治療の方針を決めましょう。

食事療法

基礎疾患や高脂血症による病気を治す以外に、血液中の脂肪関連物質を減らすための食習慣の見直しも大切です。コレステロールと中性脂肪のどちらの値が大きいのかを確かめた上で、右のチェックポイントを参考に問題の脂肪を減らせる食事を考えましょう。

- □高脂肪の食べ物を摂りすぎない
- □脂肪を摂るときは良質な種類（DHAやオメガ脂肪酸を含む魚など）を選ぶ
- □全体的な栄養バランスに注意する
- □すぐには効果が出ないので、元気なうちから食生活に配慮する

そのほかの病気

ほかにも、シュナによく見られる病気があります。
その症状と対策を部位ごとに解説します。

目の病気

とくに注意したい
2つの病気を紹介します。

白内障

目の中の水晶体が白く濁り、徐々に視力が低下する病気です。悪化すると視力を失うこともありますが、初期は症状があまり目立ちません。シニア期に起こりやすい傾向がありますが、若いころから発症する犬もいるので要注意。

主なサインは、動くものを目で追えなくなる、夜の散歩に行きたがらない、歩いていて物にぶつかるなど。黒目の中心が白くなっていたらすでに進行しているということなので、早めに動物病院で検査を受けてください。

初期は点眼薬を使って進行を遅らせることができますが、ほぼ生涯にわたって治療を続ける必要があります。水晶体を人工レンズに取り換える外科手術も可能ですが、人間の白内障より手術が困難で術前術後に厳密な管理が必要なため、眼科専門の動物病院で治療を受けることをおすすめします。

進行性網膜萎縮

目の奥の網膜が機能を失って見えにくくなっていく病気で、白内障と同様の症状が見られます。遺伝性で予防ができず、はっきりした治療法はまだ見つかっていません。愛犬がこの病気になったら、生活空間の家具の配置を変えないようにする、散歩やお出かけ時には人通りの多い道を避けるなど、危険やストレスをなるべく少なくしてあげてください。

犬の目の構造

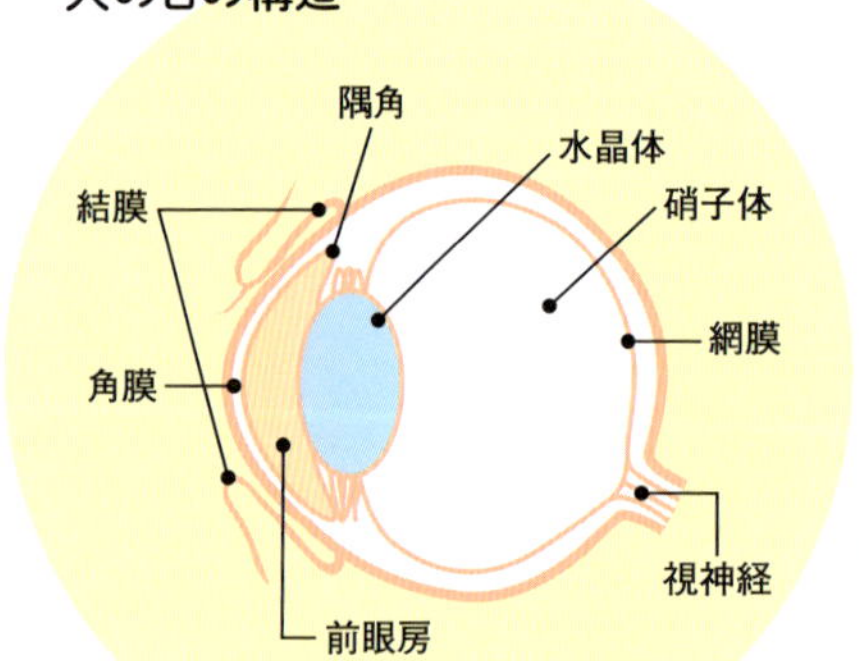

耳の病気

犬に非常に多いとされる
外耳炎は、シュナにとっても
大敵です。

外耳炎

外耳炎は、耳道(耳の穴から鼓膜までの部分）に細菌や外部寄生虫が感染して炎症が起こる病気。シュナに外耳炎が多い理由としては、①脂分の多い耳垢が溜まりやすく細菌やカビが繁殖しやすい、②耳道（耳の奥の器官）内に細かい毛がたくさん生えていて通気性が悪い、③断耳していない垂れ耳のシュナは耳道がムレやすい、などが考えられます。症状は耳が赤い、耳が臭い、頭をプルプル振るといった症状が見られます。

耳道を清潔にすることが肝心なので、動物病院では洗浄用の薬で耳の中を洗い、病気の状態に応じた点耳薬を使うことで炎症を抑えます。家庭でもこまめな耳掃除を行うことが大事ですが、掃除に使う道具や頻度を間違うと悪化させてしまうため、まずは獣医師に相談を。

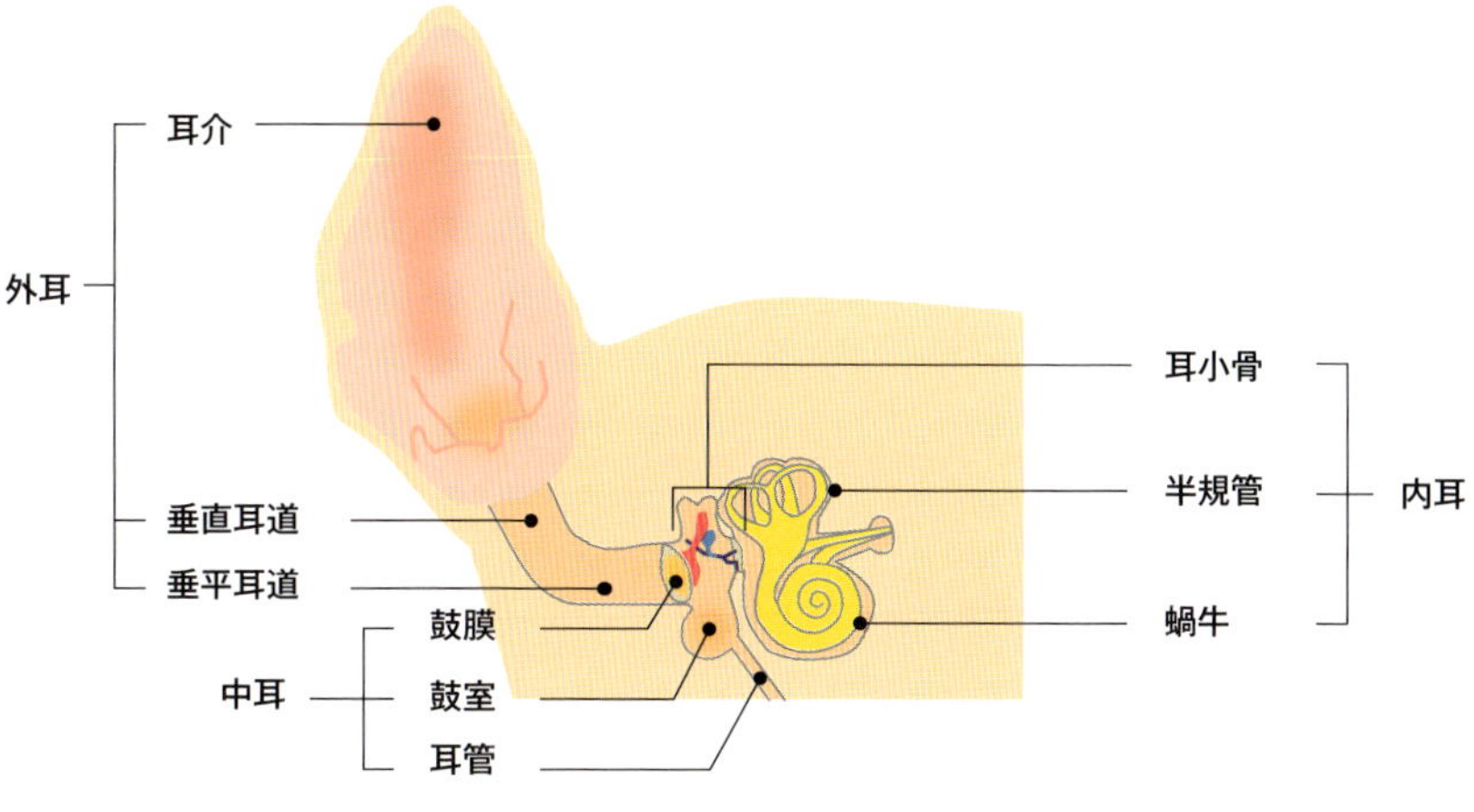

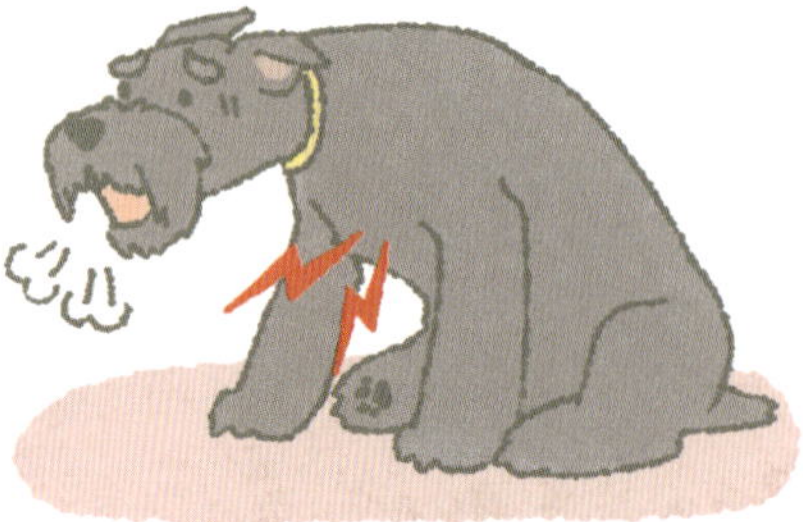

心臓の病気

息切れや疲れやすさ
といった症状の原因は、
心臓のトラブル
かもしれません。

僧帽弁閉鎖不全症

心臓の左心房から左心室への血液の流れをサポートし、逆流を防いでいるのが僧帽弁。この僧帽弁が何らかの原因で閉じなくなり、左心室から左心房へ血液が逆流して起こる病気です。

血液が逆流すると左心房に血液が溜まり、全身に行き渡らなくなってしまいます。そこで心臓は、大きくなってより強い力で全身に血液を送ろうとします（心拡大）。しかし大きくなったせいで周りの気管や内臓を圧迫してその働きを邪魔してしまい、呼吸困難や疲れやすさといった症状につながるのです。

健康診断時に心臓の雑音が聞こえて発見されることが多く、心臓超音波検査などの精密検査をして病気の重症度などの判定を行います。シュナでは5～6歳以上での発症が多いため、そのころから定期的に健康診断（とくに心臓の聴診と心臓超音波検査）を受けさせるほか、散歩時の様子をよく観察してください。

僧帽弁閉鎖不全症を起こした心臓

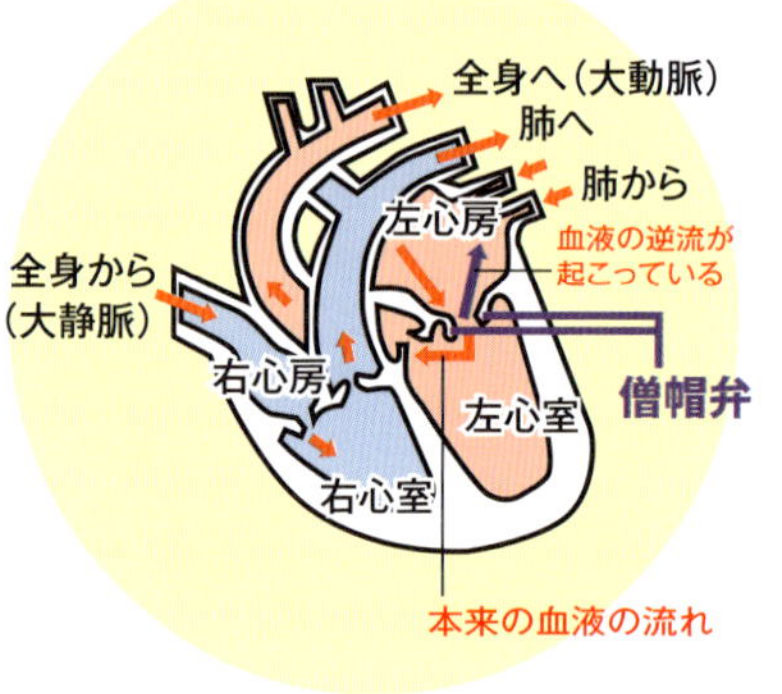

心不全

加齢によって心臓が弱る、心臓の弁がうまく機能しないといった原因で血液を全身に送れなくなった状態を、まとめて心不全と言います。僧帽弁閉鎖不全症と同様に呼吸困難などのトラブルが見られ、死に至る場合もあるので、早期発見が重要です。

皮膚の病気

皮膚トラブルの主な原因となるアレルギーに注目します。

食物アレルギー

動物の体には、細菌やウイルスなど外敵が体内に侵入してきたときに攻撃して体を守る免疫という働きがあります。この免疫が特定の食物（アレルゲン＝アレルギーの原因物質）に過剰に反応して起こるのが食物アレルギーで、耳、顔、口周り、足周りなどでかゆみや赤み、湿疹、脱毛などが見られます。

治療ではまず何がアレルゲンとなっているのかを突き止め、その対象を徹底して避けることが第一になります。症状が見られたら、できれば皮膚病に詳しい動物病院で血液検査を受けましょう。早めのアレルゲン特定が、犬の負担軽減につながります。

犬アトピー性皮膚炎

アレルギー性疾患の一種。ＩｇＥと呼ばれる抗体（外界からの異物を排除するために体内で作られる「免疫グロブリン」というタンパク質）が特定のアレルゲンに反応することで起こります。

食物アレルギーと同様、アレルゲンが体内に浸入したことによって症状が現れるので、何が原因なのかを確かめ、それを取りのぞくことが重要になります。アレルゲンとなるのは、主にハウスダスト、花粉、カビなどで、遺伝的要因が関係していることもあります。症状や治療は食物アレルギーと同じです。

二次感染を防ぐ

アレルギーやアトピーにかかった犬は皮膚のバリア機能が弱まり、細菌やマラセチア（酵母菌の一種）に感染しやすくなっています。放っておくと膿皮症やマラセチア性皮膚炎を発症して状態がより悪化するため、こまめなシャンプーや部屋の掃除で皮膚や周りの環境を清潔に保ち、愛犬の皮膚を守ってあげましょう。

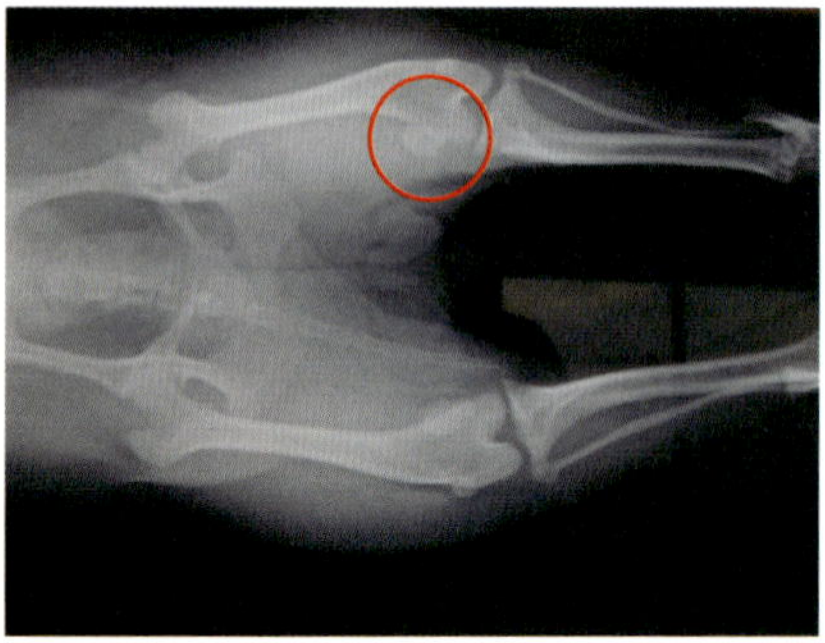

膝蓋骨脱臼が見られる犬（T・プードル／６歳）。左足（上）の膝蓋骨が内側にずれています。

関節の病気

体質のほか、加齢、事故などでも起こる関節トラブル。主なものを２つ紹介します。

膝蓋骨脱臼

後ろ足のひざのお皿（膝蓋骨）が正しい位置からずれてしまい、痛みを感じたり足が曲がってしまったりする病気です。シュナを含む小型犬には生まれつきひざが外れやすい犬が多いですが、その状態には個体差が見られます。症状がほとんど出ないことや、膝が外れても自力で直してしまって飼い主さんが気付かない場合もあるのです。

ただ、加齢とともにうまくひざのお皿を戻せなくなることも多いので、早めに発見してあまり負担をかけないようにすることが大切です。

主な症状は、足の痛み、膝が抜ける、散歩中に足を伸ばす、後ろ足に力が入らない、極端なX脚やO脚になるなど。程度が軽い場合は服薬や足に負担をかけない生活、適度な運動で改善されますが、重い場合は外科手術が必要になることも。定期健康診断などで動物病院に行ったときに獣医師にチェックしてもらい、触診して異常があったらレントゲンで確認しましょう。

レッグ・ペルテス

後ろ足にある大腿骨頭（太ももの骨と骨盤とを連結している部分）への血液の供給がうまくいかず、骨頭が壊死（血行不良などによって体の一部の器官が働かなくなった状態）することによって起こる病気。「大腿骨頭壊死症」とも呼ばれます。

片方の足で起こることが多く、痛いほうの足が地面に着かないようにするために、歩き方や立つ姿勢がおかしくなるのが特徴。足の痛み、片方の足を上げて歩く、立ったときに体が傾くといったサインも見られます。症状が軽ければ内服薬などで痛みを管理できますが、重くなると外科手術で壊死した大腿骨頭を切除する必要があります。

内分泌系の病気

すい臓や甲状腺などの内分泌系（ホルモンによる体の調節システム）の病気も要注意です。

糖尿病

すい臓から分泌されるホルモンの一種であるインシュリンが不足して血液中のブドウ糖濃度が高くなり（高血糖）、いろいろな不調をきたす慢性疾患です。症状としては、初期は食欲があるのにどんどんやせてきたり、水をたくさん飲んで尿もたくさん出るようになります（多飲多尿）。

進行すると、肝不全や腎不全など、いろいろな臓器に症状が出ることも。症状を抑える、インシュリン注射を毎日打つ必要があります。

予防するためには、適度な運動と適切な食事管理で肥満を防ぎ、代謝・栄養バランス・体力を整えることが重要。血液検査・尿検査で簡単に診断できるので、前述した症状が見られたら、まずは採取した尿を持参して動物病院を受診してください。

甲状腺機能低下症（クッシング病）

犬ののどにある甲状腺という部位から分泌される甲状腺ホルモンの分泌量が少なくなることで発症する病気です（分泌量が多くなりすぎて起こるのは甲状腺機能亢進症）。原因は免疫のトラブルや甲状腺の萎縮のほか、クッシング症候群など別の病気が引き金となって発症することもあります。

毛が薄くなる、脱毛、皮膚の乾燥、皮膚が黒くなる、フケが増えるといった被毛と皮膚の症状のほか、元気がなくなる、寒がりになる、肥満などの変化も見られます。

治療では、内服薬で甲状腺ホルモンの分泌を補う方法が一般的。投薬後1～4か月で症状は治まりますが、服用を止めるとぶり返すため、継続的な投薬が重要です。また、原因となる病気があるならそれを治療します。

ノミ・マダニ・犬フィラリア症

ノミやマダニ、蚊が原因で起こる病気は、
発症すると治療が困難。予防が非常に大事です。

ノミ

日本で犬に寄生するノミの多くはネコノミで、成虫（産卵）↓卵↓幼虫↓繭↓サナギ↓成虫というライフサイクル（左図）です。屋外で成虫が犬に跳び移るほか、犬や人が卵や幼虫、サナギを誤って屋内に持ち込むとノミの生育に適した室内で発育が行われ、最終的に成虫が犬に寄生します。ノミが病原体を媒介して起こる病気は、バルトネラ症（猫ひっかき病／バルトネラ菌が原因の人獣共通感染症）や瓜実条虫症（寄生虫の瓜実条虫が原因の人獣共通感染症）など。効果的な予防法は、動物病院で処方される駆除薬でノミの成虫や幼虫を駆除・予防することです。

ノミのライフサイクル

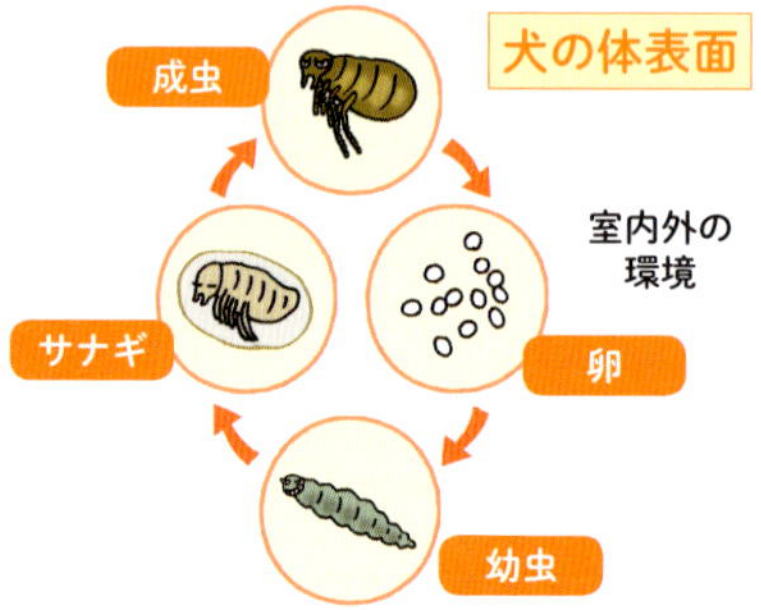

マダニ

マダニは卵から成虫になるまでに異なる3種類の動物（宿主）に寄生し、それぞれの動物で幼ダニ、若ダニ、成ダニの時期を過ごします（3宿主性）。各ステージの虫体は寄生した動物で必ず吸血するので、宿主を変えるごとに病原体がマダニから宿主に移動する可能性があります。マダニが媒介する病気はバベシア症（バベシアと呼ばれる寄生虫が赤血球を破壊し、貧血になる病気）、各種リケッチア症（リケッチアと呼ばれる病原体が原因の病気）など。ノミと同様に駆除薬で駆除・予防します。

犬フィラリア症

犬フィラリア症は蚊が媒介する犬の寄生虫病で、命にかかわることもある病気。急性と慢性に大きく分けられます。多数の虫体が心臓に寄生すると太い血管が詰まり、その結果急性の経過をたどり突然死に至ることも。ほとんどの犬はゆっくり進行する慢性経過をたどりますが、重症化すると呼吸困難などの症状が見られます。動物病院での注射や内服薬（錠剤・チュアブル剤）、犬の体に薬を垂らすスポットタイプなどの駆除薬で予防するのが重要。剤型や投与の間隔を相談して、無理なく続けられるものを選びましょう。

暑さ対策

犬は人より熱中症のリスクが高く、
シュナも例外ではありません。

犬は肉球でしか汗をかけず人より体温調節がしづらいため、暑さによる影響を受けやすくなっています。シュナの場合、黒い毛色の犬は光を吸収したり、垂れ耳のため耳の中が蒸れやすいといった心配もあります。

暑さによる健康トラブルで、最も気を付けたいのは熱中症。左表のような症状が見られたら犬が体温を調節できなくなっている証拠なので、早めに対応して深刻な状態になるのを防ぎましょう。

熱中症の症状

軽度

①元気がなくなる
②落ち着きがなくなる
③呼吸が浅く早くなる
④ハアハアと激しく呼吸する（パンティング）
⑤よだれを垂らす
⑥嘔吐・下痢
⑦歯ぐきや口の粘液が白くなる
⑧失禁
⑨けいれん発作
⑩意識を失う

重度

予防のポイント

日中の移動には車やカートを

散歩はなるべく日差しが強くない朝や夜に済ませましょう。日中に外出しなければいけないときは、車やドッグカートを利用するのがおすすめ。

愛犬をよく観察して

一見元気そうでも、暑さによるストレスを受けていることも。おなかや首元をさわって体温や呼吸をこまめにチェックしてください。パンティングの症状が出ていたら要注意。

パンティングやよだれなどのサインが見られたらすぐ日陰に移動し、犬の全身に水をかけて冷やし（意識がある場合は水運補給）ましょう。その後、速やかに動物病院へ

こまめな水分補給

5分遊ばせたら水飲み休憩を5分取るなど、積極的に水分補給の時間を取りましょう。外出先にもペットボトルや水筒で水を携帯すると安心。

シュナのための栄養学

**食事と栄養は健康の基本。
人と犬の違いやシュナならではのポイントをご紹介します。**

犬の栄養学の基礎

犬に必要な栄養は、
人はもちろんほかの動物とも
ちょっと違います。

「6大栄養素」とは

栄養素は「炭水化物、たんぱく質、脂質、ビタミン、ミネラル、水」の6種類。このうちエネルギー源となるのは、炭水化物、たんぱく質、脂質です。炭水化物＝4kcal、たんぱく質＝4kcal、脂質＝9kcal（いずれも1gあたり）のエネルギーを体に供給することができ、3大栄養素と呼ばれています。

3大栄養素はエネルギー源として以外にも、「たんぱく質は体を作る」、「脂質はホルモンや胆汁などの材料となり生理作用の維持に役立つ」といった働きがあります。また、炭水化物を構成する糖質と食物繊維のうち、糖質は単純にエネルギー源としての役割のみですが、食物繊維は腸内環境から健康を支える働きを持っています。

ビタミンやミネラルは、3大栄養素が体内でエネルギーに変換されるときや体の調整に必要であり、水は生命維持に欠かすことができません。人や犬の体は、体重の約60%が水で構成されているので、たった10%の脱水が命取りになることがあります。

栄養素と食品の関係

3大栄養素はそれぞれの食品に含まれていますが、食品ごとに栄養構成が異なります。体調や活動量に合わせて必要な栄養素を多く含む食品を選択して食事をすることで、栄養バランスを整えるのです。

「●●源」という言葉を聞いたことがありますか？ これは、水以外の栄養素で食品中に最も多く含まれる栄養素のことを示します。たとえば「肉」の70%は水です

6大栄養素の主な働きと供給源

	主な働き	主な含有食品	摂取不足だと？	過剰に摂取すると？
たんぱく質源	体を作る エネルギー源	肉、魚、卵、乳製品、大豆	免疫力の低下 太りやすい体質	肥満、腎臓・肝臓・心臓疾患
脂質源	体を守る エネルギー源	動物脂肪、植物油、ナッツ類	被毛の劣化 生理機能の低下	肥満、すい臓・肝臓疾患
炭水化物源	エネルギー源 腸の健康	米、麦、トウモロコシ、芋、豆、野菜、果物	活力低下	肥満、糖尿病、尿石症
ビタミン	代謝機能の調節	レバー、野菜、果物	代謝の低下 神経の異常	中毒、下痢
ミネラル	代謝機能の調節	レバー、赤身肉、牛乳、チーズ、海藻類、ナッツ類	骨の異常	中毒、尿石症、心臓・腎臓疾患、骨の異常
水	生命維持		食欲不振 脱水	消化不良、軟便、下痢

が、次に多く含まれる栄養素はたんぱく質。つまり肉は「たんぱく質源」の食品です。たんぱく質には体を作る働きがあるため、スポーツ選手など筋肉が多く必要な人はたんぱく質源の食品を多く取り入れる必要があります。すぐに利用できるエネルギーが必要なときは、炭水化物源の食品を中心に食事の栄養バランスを考えます。

犬には犬の栄養バランス

この6大栄養素が、どのようなバランスでどれだけ必要かは種族によって異なります。犬には犬に必要な栄養バランスがあるのです。人間が雑食動物なのに対して犬は肉食動物（実際は雑食寄りの肉食動物）で、それを「食性」と呼びます。

犬の消化器官は犬の食性に対応できるようにできているため、食事中の栄養構成がそれに適していない場合は、せっかく食べても効率よく栄養とエネルギーになりません。加えて、3大栄養素の割合により、ビタミンやミネラルの必要量も異なります。食事中の栄養素は、そのバランスと消化吸収率が体に適していることが重要。ですから、健康管理のためには「犬には犬に適した食事」が必要なのです。

シュナならではの“食”

さらに、
犬種に応じた栄養特性に
気を付けてあげましょう。

一般的にシュナは丈夫な犬種ですが、なりやすい病気としては甲状腺機能低下症、糖尿病、すい炎、てんかん、アトピー性皮膚炎、食物アレルギー、メラノーマ、脂肪腫、進行性網膜萎縮、停留睾丸、尿石症などがあります。

しかし、これらはあくまでも「なりやすい傾向がある」ということで、「絶対なる」わけではありません。病気になることを心配しすぎるよりも、毎日の体調管理に力を注いだほうがよいでしょう。

適正体重の維持

肥満は、摂取エネルギーが消費エネルギーよりも多い場合に生じます。原因としては、食事量やおやつが必要量よりも多い、主食とおやつのバランスが悪い、運動量が少ないなどが考えられますが、これらの原因は「飼い主さんにある」ことを認識し、食事内容を見直すことが大切です。

また、シュナがなりやすい病気の多くは、肥満や脂肪が関係しています。適正体重を維持するために、以下のポイントに気を付けてみましょう。

①フードの給与量とおやつ

基本の給与量は体重ごとにフードラベルに表示されていますが、あくまでも目安です。体重の増減に応じ、愛犬に必要な1日の量を把握しなければなりません。また、1日に必要なエネルギー量は主食から90%確保し、おやつは10%以内と考えられているため、おやつを与える場合にはエネルギー量を必ず確認しましょう。人間には「これっぽっち」と感じる量が、犬にとっては必要なエネルギー量の50%以上を占めている、なんてこともあります。

②食事中の脂肪含有量

シュナは脂肪代謝が弱い犬種とされているため、高脂肪は疾患、すい炎やアレルギー性疾患を悪化させる原因となります。犬は高脂肪食を好み、よく食べます。多くの飼い主さんが「よく食べる＝よい食事」と考えているため、気付かないうちにシュナの体質に合わない高脂肪食や高脂肪のおやつを与えていることがあります。脂肪量が適していない食事を摂ると、便がテカる、ねっとりする、色がフード自体の色より濃いといった便になりやすいので、観察してみましょう。

③食事中のたんぱく質含有量

たんぱく質の過剰もまた、肥満の原因となります。高品質でたんぱく質が十分に含まれているペットフードに、さらにチーズ、ジャーキーなどたんぱく質源で作られたおやつを多く与えていると、すぐに過剰になります。たんぱく質の過剰は、未消化たんぱく質量を増やし、腸内細菌のバランスを乱すだけではなく、尿石症（P57～）の原因となることもあるのです。

水分摂取量

犬の1日に必要な水分摂取量は、1日に摂取するエネルギー量とほぼ同じと考えられています。ドライフードを1日に400kcal摂取しているのなら、水も400cc程度摂取するのが理想的。

水は体液や血液の成分であるだけでなく、体温調節、体内での化学反応、代謝産物の排泄など健康管理に重要な役割を果たします。しかし、犬が自発的に飲む水の量は、飼い主さんが思っている以上に少ないもの。愛犬に必要な水分摂取量を把握し、不足分は意図的に補うこと（肉のゆで汁をうまく利用するなど）で代謝が円滑になり、尿石症の予防にも役立ちます。

腸内環境

腸内環境を整えることは、排便だけでなく免疫力の高い体づくりにも重要です。腸内環境の良し悪しの目安となるのが排便状態です。しっとりとした茶色い“1本うんち”が1日に1〜2回スムーズに排泄できることが、腸内環境が整っているひとつの目安です。

便が硬いときは水分不足、ねっとりしていていつもよりニオイがするときは脂肪の摂取過剰、黒っぽくなるようならたんぱく質源の与えすぎ、黄色くやわらかくなるときは野菜などの与えすぎが考えられます。このように、便は腸内環境が乱れる原因を教えてくれるのです。毎日規則正しい食生活と排便になるよう、食事内容やおやつについて見直しをする習慣をつけましょう。

フード選びのポイント

愛犬に適したフードを選ぶには、まずラベルをチェックしましょう。

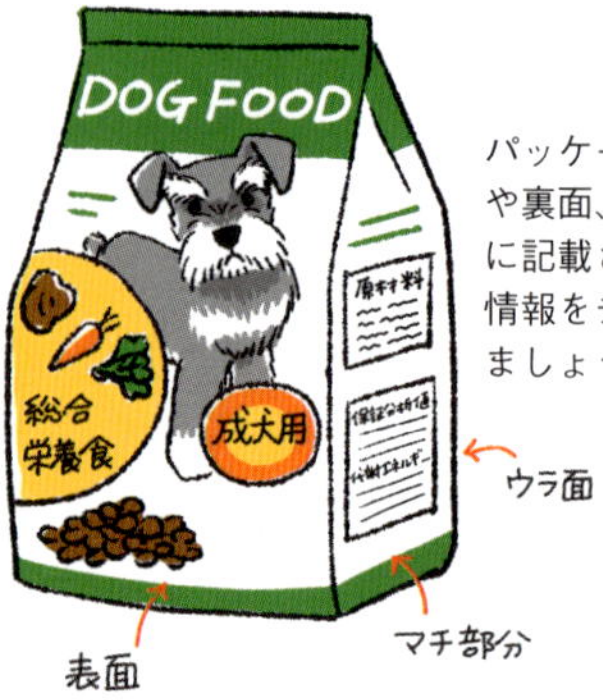

パッケージの表面や裏面、マチ部分に記載されている情報をチェックしましょう。

「総合栄養食」かどうか

形状にかかわらず、「水とそのフードで特定の成長段階や健康を維持することができる」のが「総合栄養食」です。現在市販されているドライフードはすべて総合栄養食ですが、パウチや缶詰などのウエット商品には、総合栄養食ではない商品があります。これらには「一般食」、「副食」などと記載されています。総合栄養食と併用して使用することが目的なので、主食には適していません。

保証分析値

栄養構成は、「保証分析値」、「栄養成分」、「保証成分」などと表示されています。どれも、それぞれの栄養素が原材料中にどのくらいの重さの割合で入っているかを示しています。ここで注目したいのは、粗たんぱく質、粗脂肪、粗繊維、粗灰分、水分の５項目。それ以外は詳しくチェックしなくても大丈夫です。これらの項目は、健康状態や排便状態と一緒にメモしておくと今後の参考になります。

代謝エネルギー（ME）

摂取エネルギーから便や尿中に排泄されるエネルギーを差し引いて、実際に体内で利用できるエネルギーを示したものです。一般的には「○○kcal／１００g」と表示されています。成長期用ドライフードであれば４００kcal前後、維持期ドライ用であれば３５０kcal～４００kcalが、高品質な総合栄養食の目安です。

ライフステージなど

ライフステージ（年齢別）は、成長期、維持期、高齢期の３つに大別されます。また、ライフスタイルは環境や活動量を示しています。フードの栄養構成は、これらの目的に合わせて配合されているのです。

ペットフードの代表的な原材料

栄養素		使用原材料の例
たんぱく質源		牛肉、ラム肉、鶏肉、七面鳥、魚、肝臓、肉副産物（肺、脾臓、腎臓）、乾燥酵母、チキンミール、チキンレバーミール、鶏副産物粉、コーングルテンミール、乾燥卵、フィッシュミール、ラム肉、ラムミール、肉副産物粉、家禽類ミール、大豆、大豆ミール　など
脂質源	動物性脂肪	鶏脂、牛脂、家禽類脂肪、魚油　など
	植物性脂肪	大豆油、ひまわり油、コーン油、亜麻仁油、植物油　など
炭水化物源		米粉、玄米、トウモロコシ、発酵用米、大麦、グレインソルガム、ポテト、タピオカ、小麦粉　など
食物繊維源		ビートパルプ、セルロース、おから、ピーナッツ殻、ふすま、ぬか、大豆繊維　など

与える量

一般的にフードラベルに示されている給与量は、健康で運動量が中程度の犬を基準として算出されています。そのため、その基準より運動量が少なければ太ることや残すことにつながり、逆に活動量がもっと多ければやせることや空腹を感じることになります。体重当たりの給与量を目安とし、体重が増えたら減らし、減ったら増やしてみて、愛犬が適正体重を維持できる量を探しましょう。この量はフードごとに異なるので要注意！一般的に代謝エネルギー（ME）が低いと与える量は多くなります。

原材料

ペットフードの原材料表示には、「使用原材料を多い順に記載する」というルールがあります。使用しているすべての材料が記載されているので、ビタミンやミネラル、栄養添加物、食品添加物などが入ると意味不明な印象を受けるものです。

しかし、毎日の健康に直接関係するのは3大栄養素の含有量とそれぞれの使用食材です。そのためラベルにある「保証分析値」で栄養バランスを確認し、原材料表示でどのような材料が使用されているのかをチェックするようにしましょう。

シュナの栄養にまつわるQ&A

Q　涙やけやよだれやけがどうしても気になります。食事の工夫で改善できる？

A　涙やけの原因は不明であることが多く、絶対的な改善策はありません。まず、人工着色料が入った食事やおやつを与えていないかをチェックしてみましょう。涙が多く出る原因としては、食事中にアレルギー関与物質が含まれていることも考えられます。また、涙を放っておくと細菌が繁殖し、その結果被毛が赤くなってしまいます。コットンに水または子ども用の抗菌目薬などを含ませて、涙が出たときすぐにふき取ると軽減されることもあります。

Q　8歳を過ぎて年齢が気になり始めました。食事をシニア用に変えたほうがいい？

A　個体差があるので、一概に「○歳だから……」ということはとくにありません。しかし高齢になると、筋肉量が低下して活動量が減るため、必要なエネルギー量は若いころに比べて1割程度下がります。ただし、単に低カロリーのフードに移行するだけでは×。消化吸収率が高く、成犬時と同じ程度のたんぱく質と中程度の脂肪で構成されたフードを選べば、摂取エネルギーを減らしても十分な栄養を摂ることができるのです（P131参照）。脱水もしやすくなるので、こまめな水分補給を心がけて。

Q　犬は肉食だから、野菜や炭水化物は食べさせなくてもいい？

A　猫が完全肉食なのに対して犬は雑食性がありますが、やはり肉食と言えます。なので、肉だけ与えていればいいと考えがちです。しかし、肉に多く含まれるたんぱく質や脂質を消化するためにも直接的な「エネルギー源」が必要。工場で作業するためには、材料だけを搬入すればよいわけではなく、電源を入れなければ機械が動かないのと同じです。つまり犬の食事にも、たんぱく質や脂質同様に糖質がある程度必要であり、腸内環境を維持して栄養吸収や免疫力のサポートをするために不可欠だと言えるのです。

Q　手作り食とドッグフード、どちらがいい？

A　手作り食は食材から自分で選べるため、愛犬に適した食材を使うことができます。また、愛犬の体調に応じた細かい調整も可能。一方で、栄養バランスを取るには栄養学の知識が必要となります。バランスの崩れた手作り食は、犬の健康状態に悪影響を与えるからです。ペットフードは、高品質な商品を選んで正しく与えることができれば、飼い主さんの手間を省いた上でしっかり健康管理することが可能。それぞれに長所があるので、「飼い主さんがどうしたいか、何ができるか」が大切です。

Part5

お手入れ・マッサージ・トリミング

トリミングサロンに加えて、自宅でお手入れすれば
さらにキレイを持続可能。シュナにぴったりの
マッサージやオーラルケアもプラスして、健康維持を。
シュナのためのカット・スタイルも必見です

ブラッシングとシャンプー

最低でも1か月半に1回はトリミングに通い、
合間に1～2回ほど自宅でシャンプーするのが理想的です。

使う道具

スリッカーブラシがメインですが、ほかの道具もあると便利です。

スリッカーブラシ

「く」の字形に曲がった金属製のピンが付いているブラシ。毛のもつれを解き、抜け毛を取りのぞくのにぴったり。ピンの先端1/4を使うイメージで。

持ち方 柄の根元近くを、鉛筆を持つように軽く持ちます。

コーム

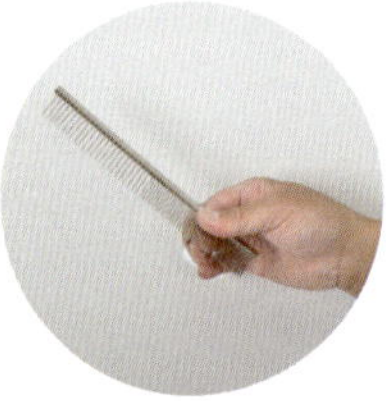

金属製のくし。中央部で目の粗さが変わっているものが多く、毛の流れを整えたり、毛玉がないことを確認するのに使います。

持ち方 下から1/4あたりのところを、親指と人さし指で軽く持ちます。

ウエットブラシ

やわらかい材質で、先端が丸くなったピンが付いています。濡れた毛を傷めにくいので、シャンプー後のブローにおすすめ。

持ち方 柄の細くなっているあたりを、親指と人さし指で軽く持ちます。

スリッカーブラシ選びのポイント

こまめにお手入れをしているなら、ピンが細く、密に付いているものを。毛玉があるときは、ピンが長めで粗いものが向いています。

スリッカーブラシのピンはゴム製の台座に付いています。ピンがやわらかくクッション性のある（押すとへこむ）ものなら、やさしくとかせます。

ブラッシング

スリッカーブラシを使用。
できるだけ毎日行うのが
おすすめです。

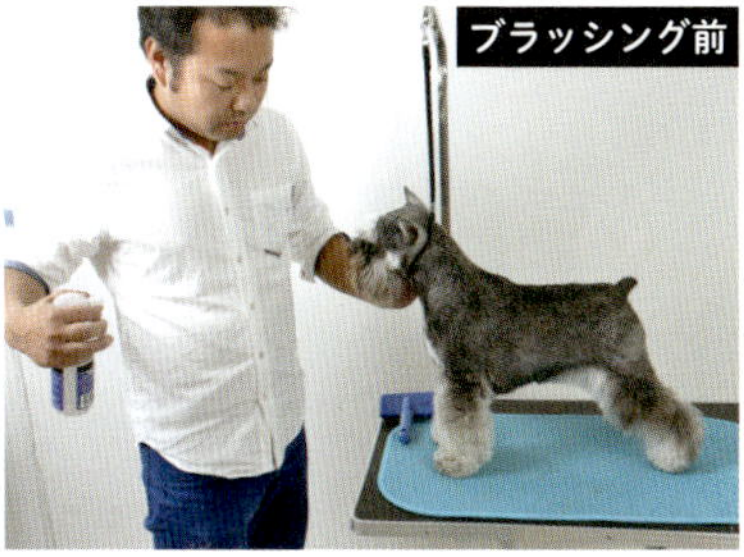

切れ毛やもつれを防ぐため、ブラッシング前に静電気防止スプレーをかけます。犬から30cmほど離れた位置から、ブラッシングしたいところへスプレー。

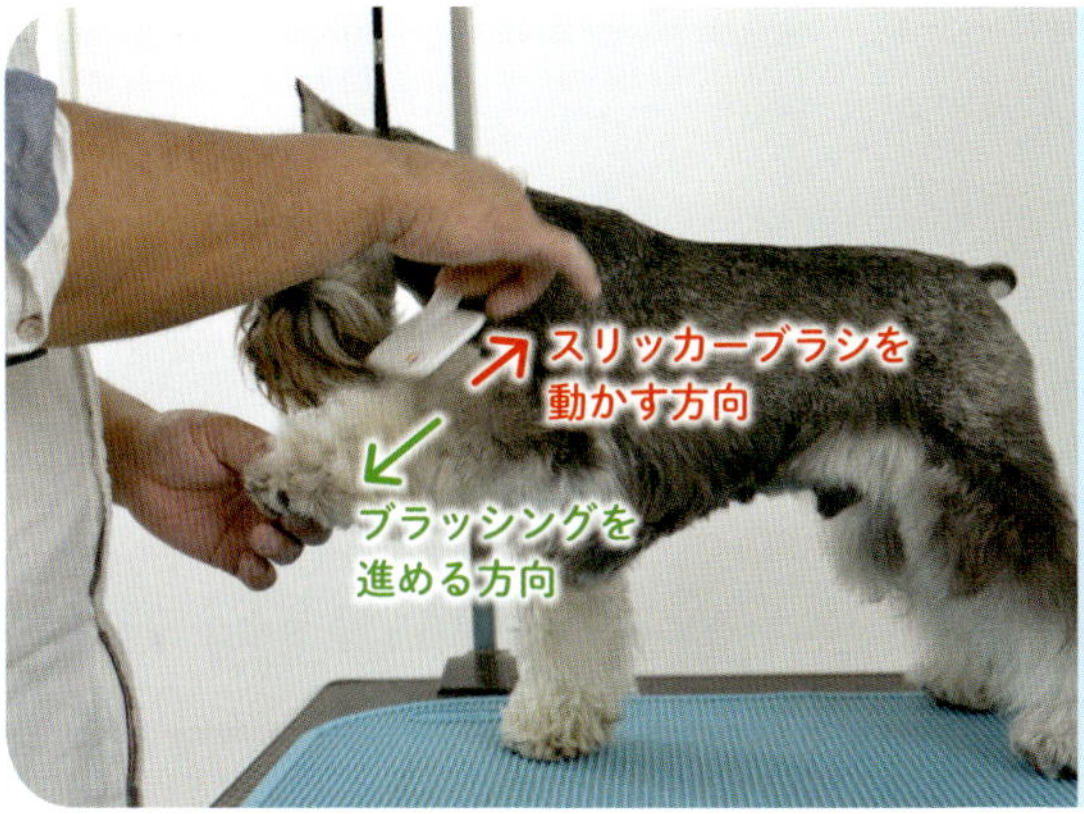

前足

- 足を前・後ろ・外側・内側の4面に分けてとかします
- スリッカーブラシを毛の流れと逆に動かし、ふんわりと毛を起こします。
- 足の付け根から足先へと進めます。

前足の持ち上げ方

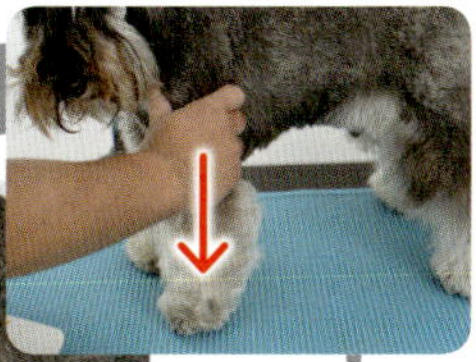

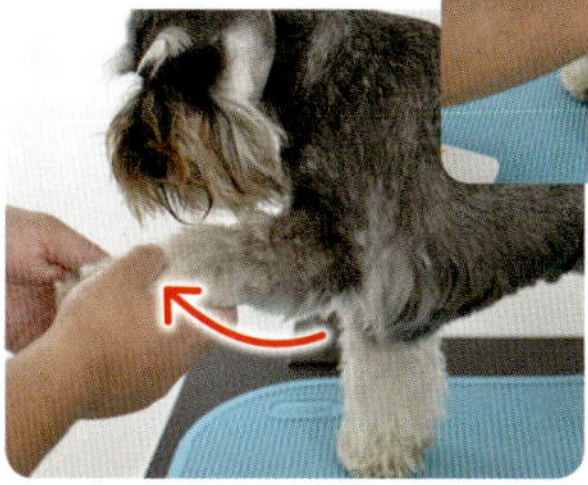

1 まず肘に手を当て、その手を下へ滑らせて足先を軽く持ち、そのまま足を前へ持ち上げます。

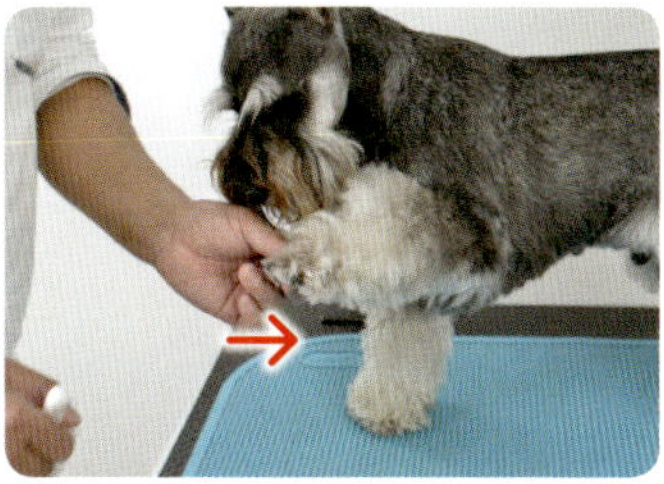

2 犬が足を引いたら飼い主さんは力を抜き、足を引いたほうへ軽く押します。犬と引っ張りっこをしないで！

後ろ足

- 前・後ろ・外側・内側の4面に分けてとかします。
- まず、足先から足の付け根へ毛流に沿ってとかしていきます。
- 次に、毛の流れと逆にとかします。足の付け根から足先へと進めます。

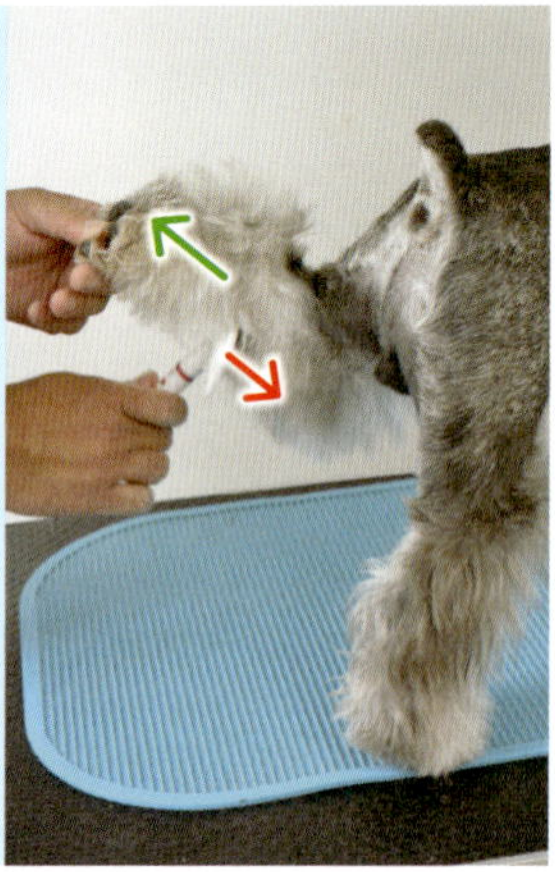

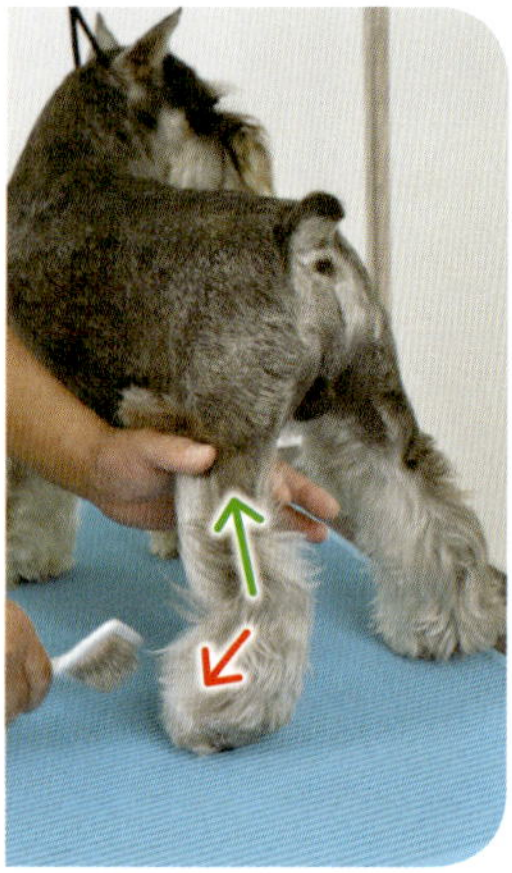

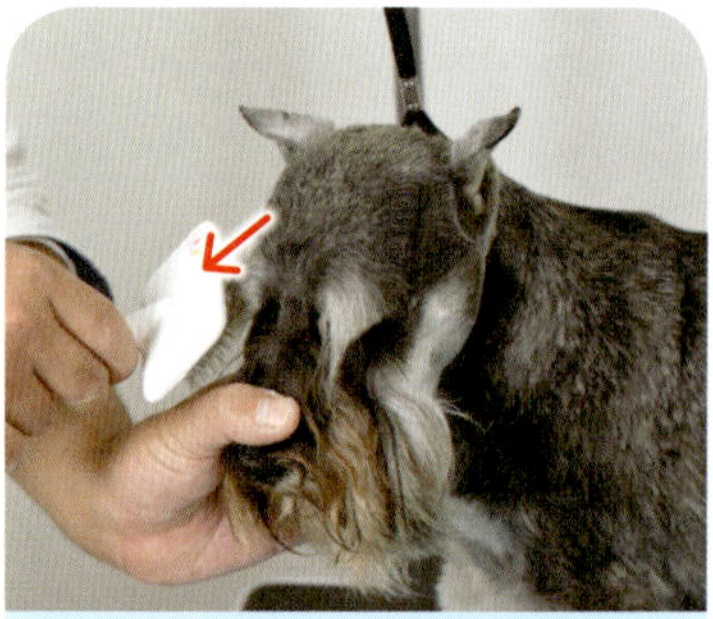

眉

- 犬の正面から、外側へ45度開く角度でとかします。

後ろ足の持ち上げ方

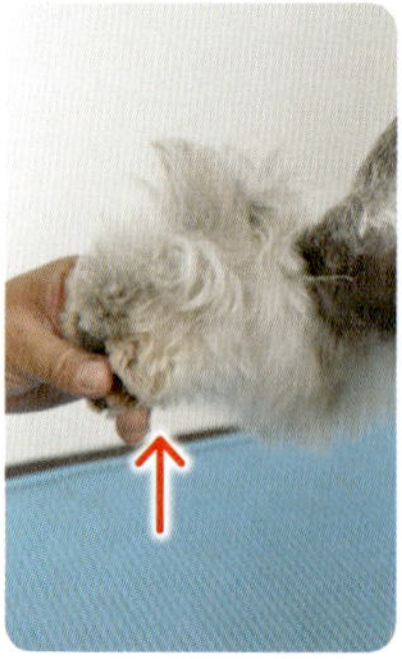

足から手を滑らせて足先を持ち、足先を下へ向けてまっすぐ上へ上げます。横方向へ持ち上げないこと。

ボディ

- バリカンで刈っている場合は、毛の流れに沿ってスリッカーブラシでとかします。
- プラッキング(P99)をしている場合は、紫外線に反応しないオイルを付けて、毛の流れに沿って獣毛ブラシでとかします。

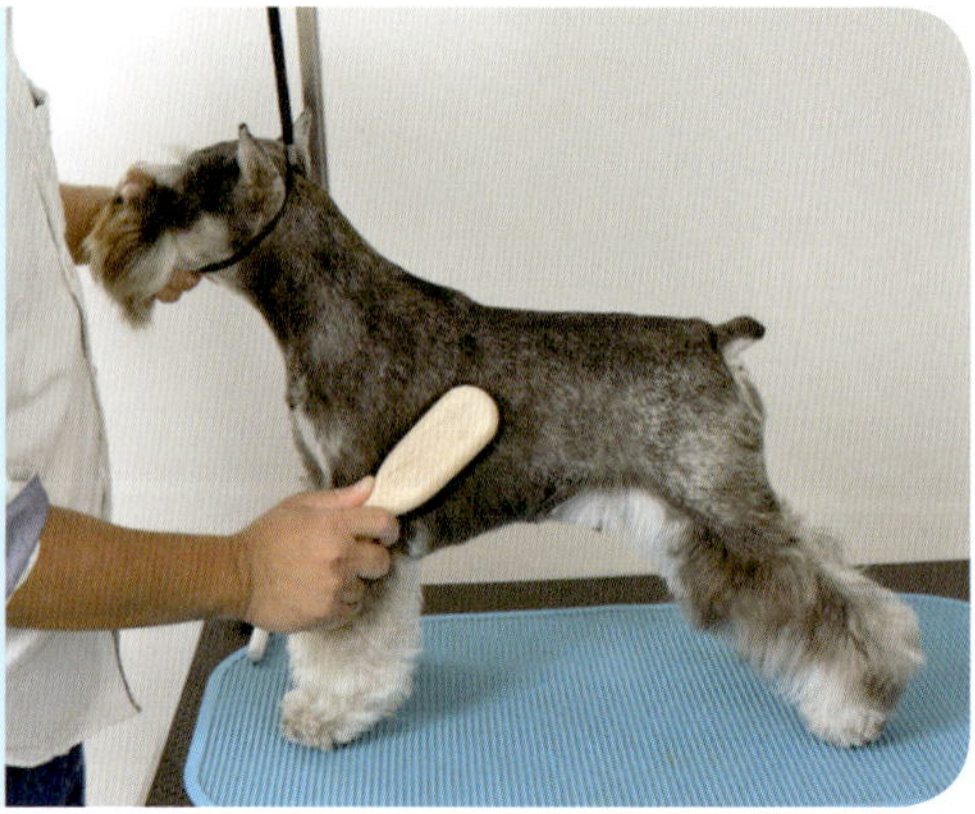

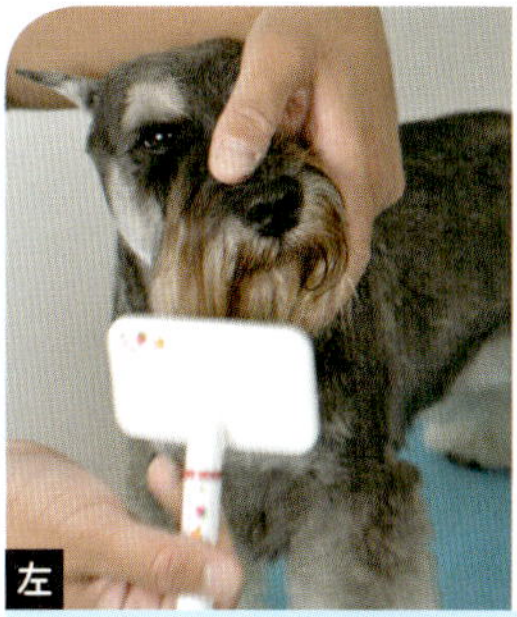

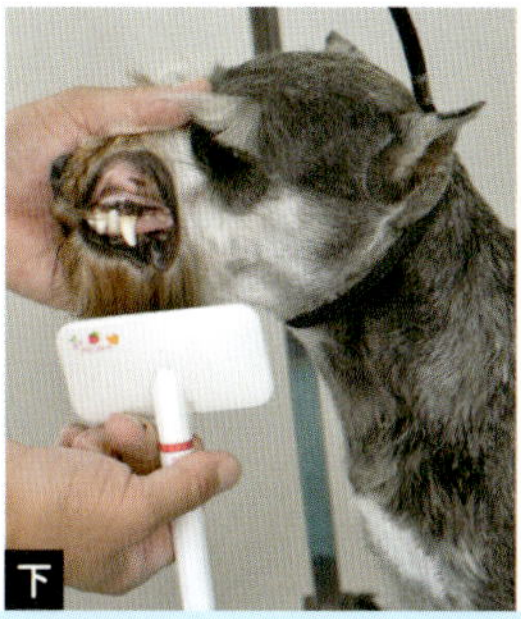

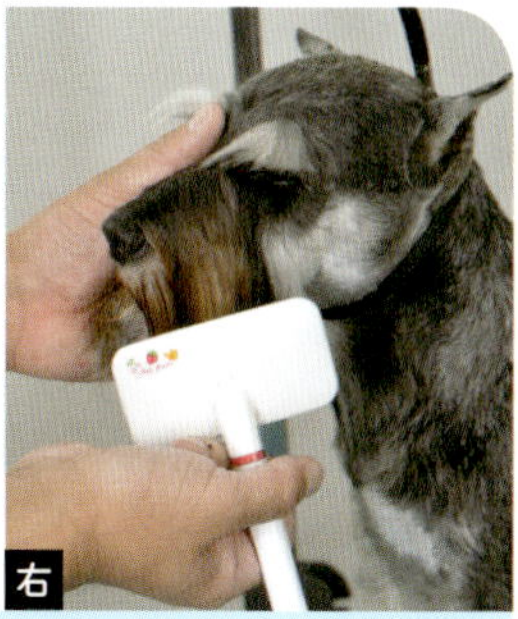

口ひげ

- 左・右・下の３パーツに分けてとかします。
- ３パーツをそれぞれまっすぐ下へとかします。
- 下のパーツは、内側からもとかします。

シャンプー

2週間に1回程度、
汚れやすい顔や四肢を
シャンプーしましょう。

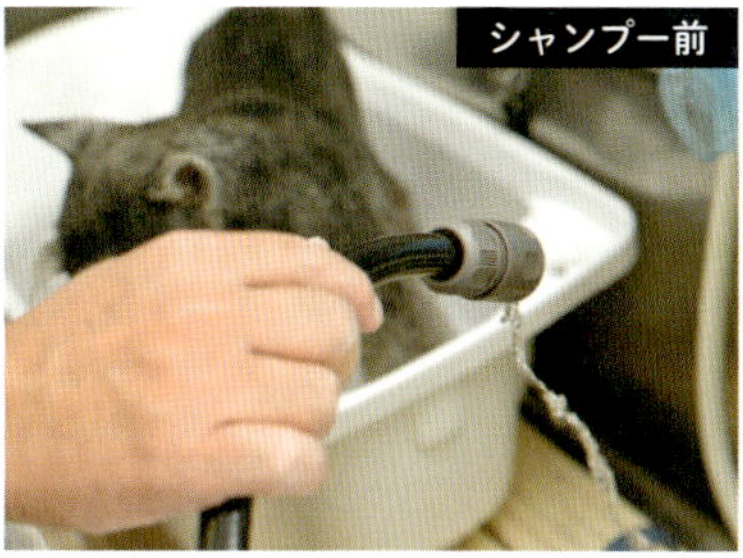

シャンプーが苦手な犬は、「シャワーの水の音」が原因かも。シャワーヘッドを外すと水音が静かになります。お湯の温度は37～38℃に設定。

プラッキングしているなら、ボディは濡らさない！

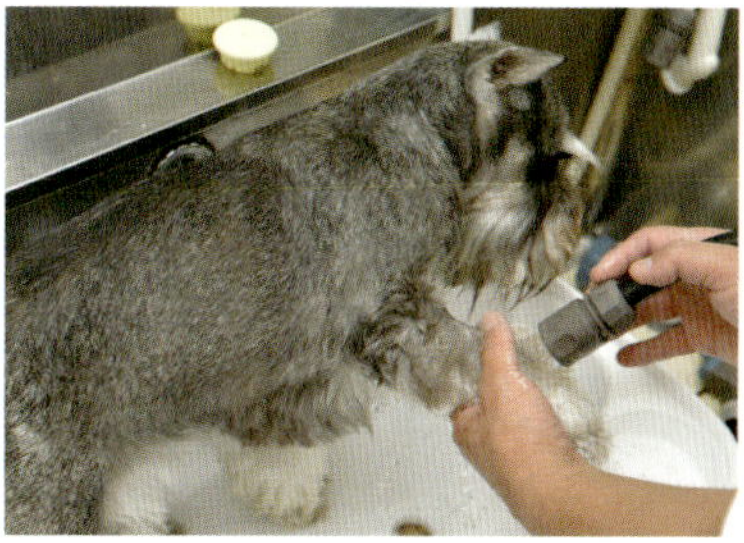

1 栓を抜いたベビーバス（栓があって犬が入れるサイズなら何でもOK）の中に犬を立たせ、足の飾り毛を足先から付け根へ濡らしていきます。

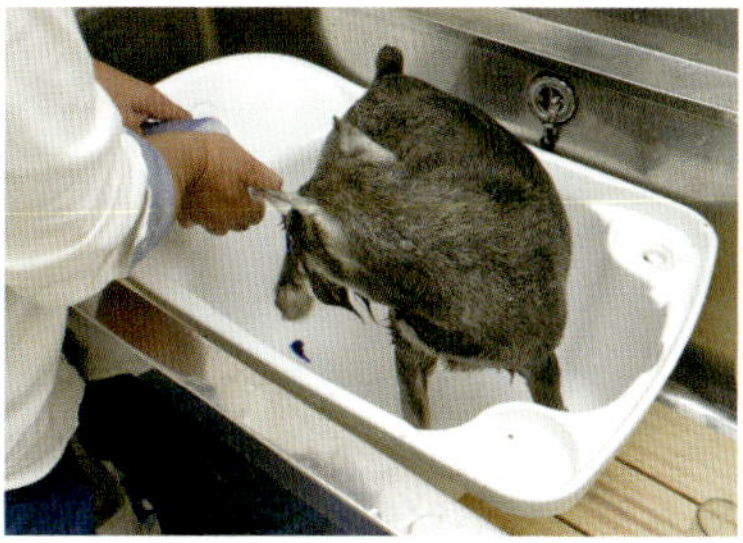

2 ベビーバスに栓をして、脂や汚れをよく落とすタイプのシャンプー（ソルト&ペッパーならホワイト用など毛色に合ったもの）を、バスの中に５～６回プッシュして入れます。

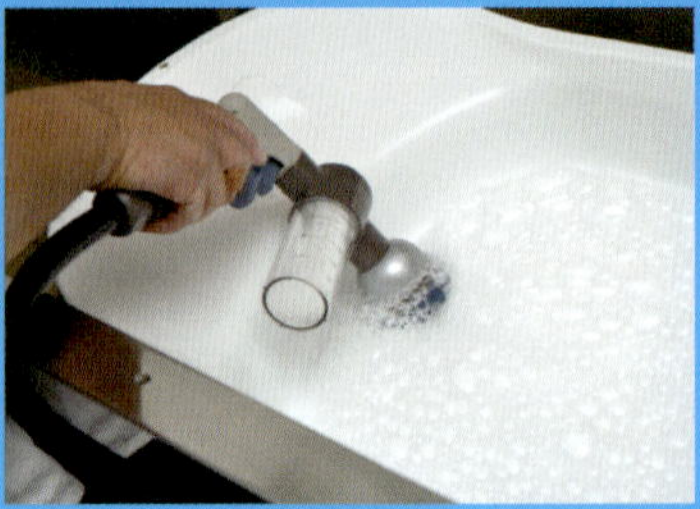

泡立てるときに便利なのが、洗車に使う泡洗浄用シャワーヘッド。付属のカップにシャンプーを入れてお湯を出せば、シャワーヘッドからしっかり泡立って出てきます

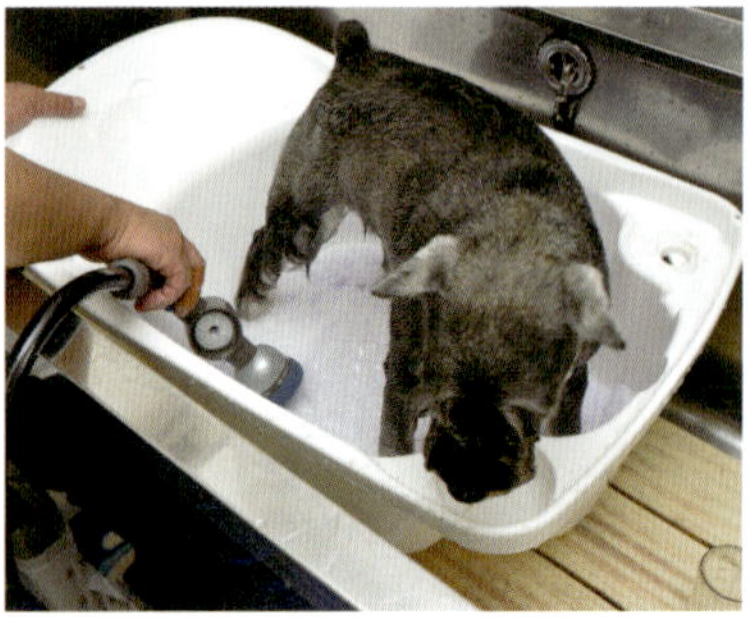

3 シャンプーを泡立てながら、足とボディの飾り毛が浸かる深さまでシャワーでお湯を注ぎます。

毛をこするのは×

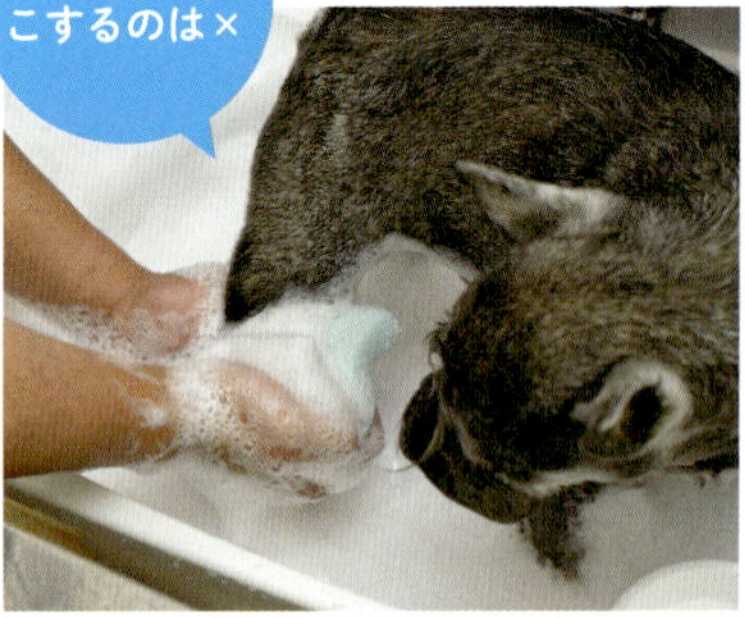

4 スポンジで毛を軽く包むようにして、毛の内側までシャンプーを浸透させます。

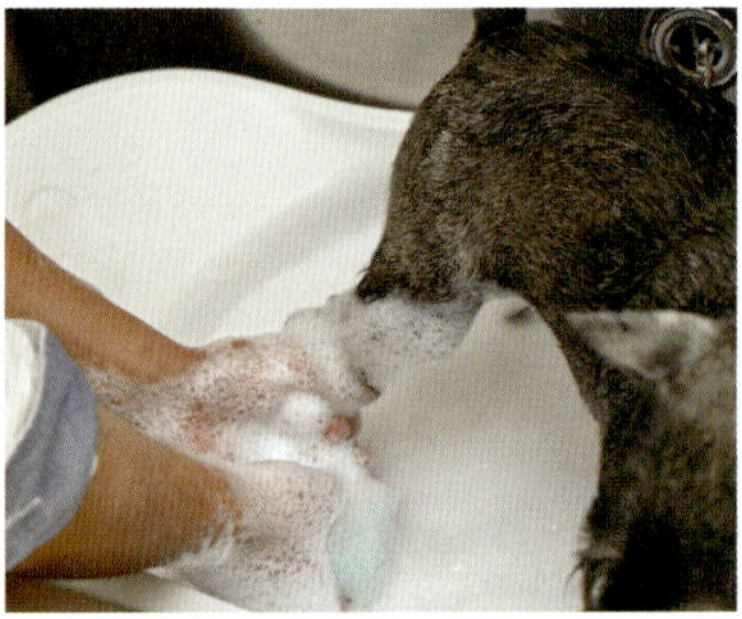

5 汚れやすい足先は、パッドのあいだまでていねいに洗います。

6 スポンジに泡を付け、口ひげに浸透させます。

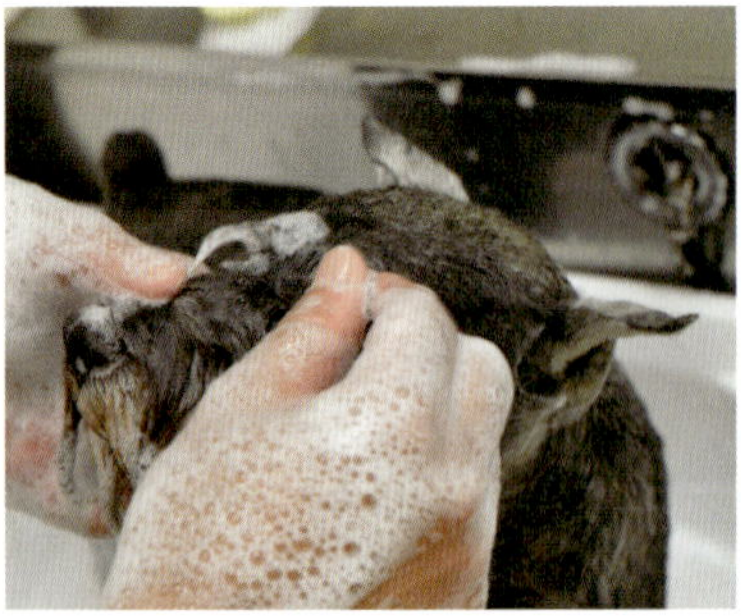

7 指先に泡を付け、眉を軽くつまむようにして洗います。

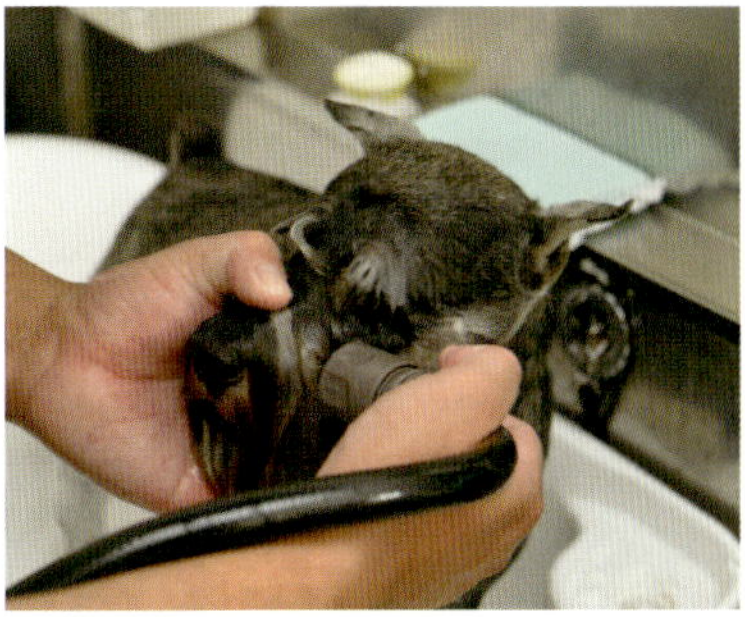

8　ベビーバスの栓を抜き、顔からすすいでいきます。

9　2回目のシャンプー
→②〜⑧を繰り返します。

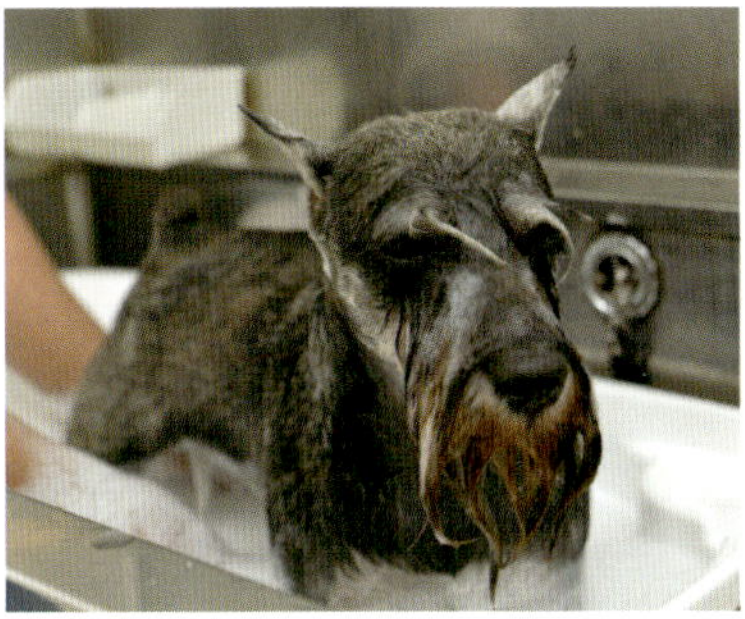

10　3回目のシャンプーをします。毛にハリやコシを与えるタイプのシャンプーを使って②〜③のように泡立て、数分間浸け置きしながら洗います。

11　⑧と同様にすすぎます。

12　ベビーバスに栓をしてバスの中にリンス（コンディショナー）を入れ、シャンプーのときより少なめにお湯を注ぎます。

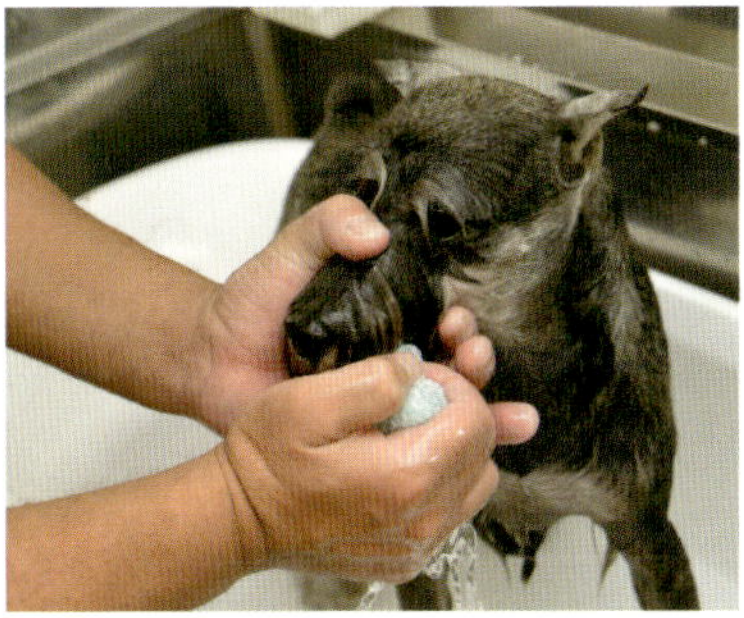

13　シャンプーと同様、スポンジでリンスを浸透させます。

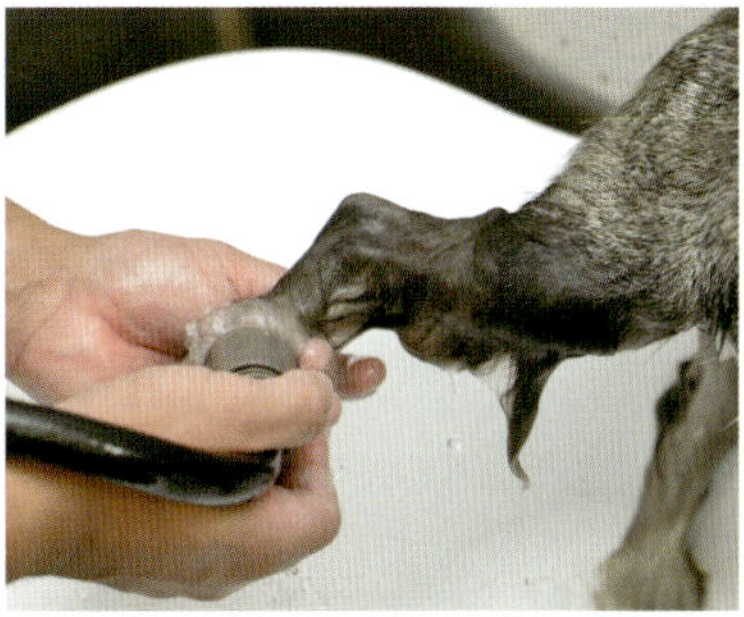

14　ベビーバスの栓を抜き、十分にすすぎます。足先や内股はすすぎ残しやすいので、とくにていねいに。

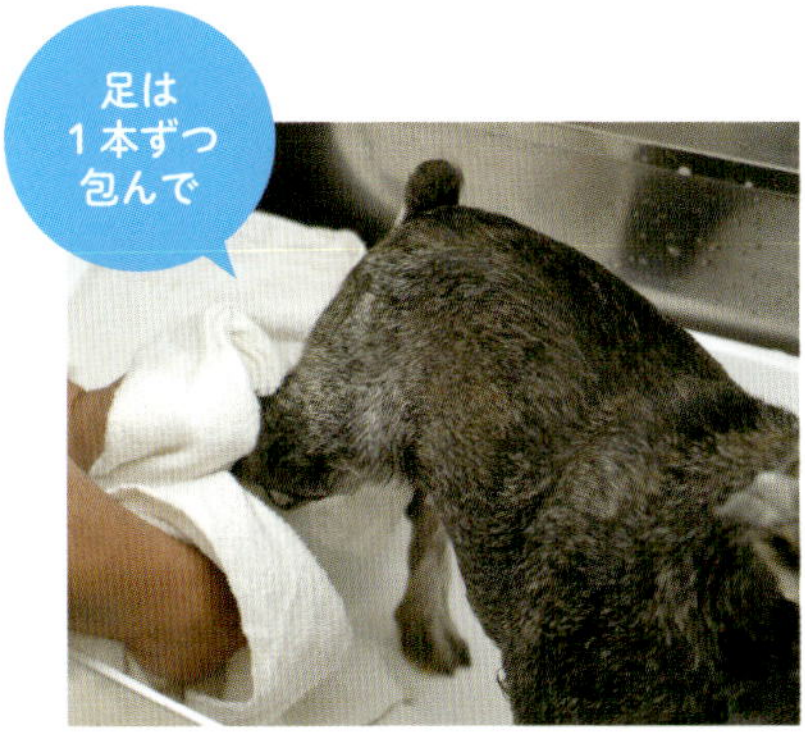

15　毛をもまないように注意しながら、タオルで水分を取ります。しっかりふいておくと、ドライヤーで乾かす時間を短縮できます。

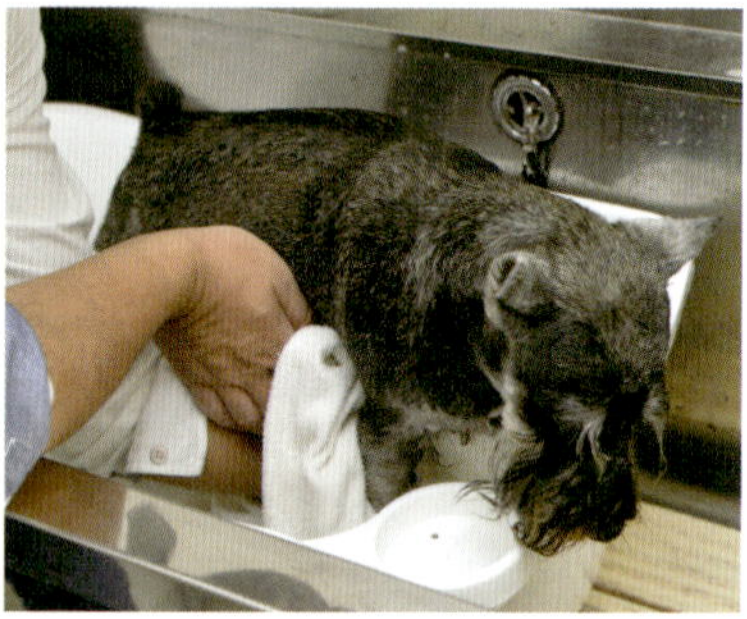

16 ボディの飾り毛は、タオルの上から手で押さえます。

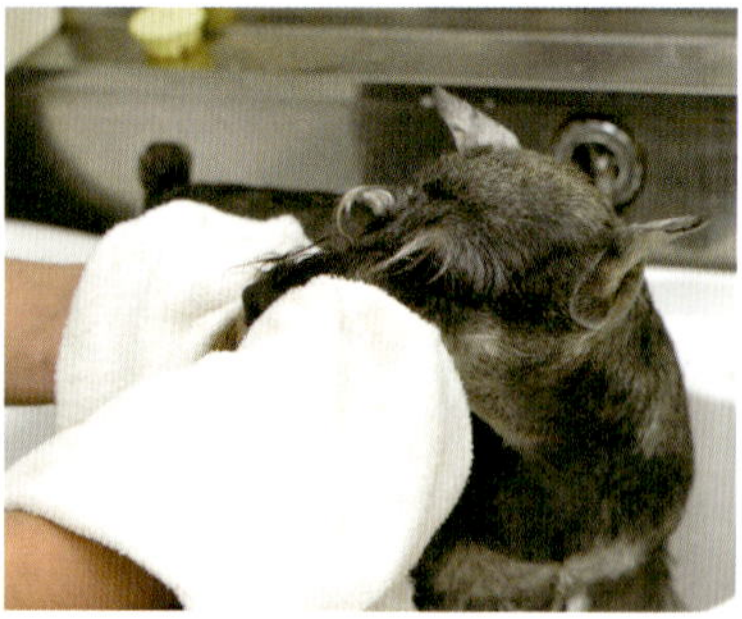

17 口ひげは、タオルの上から包むようにして水分を取ります。

乾かし（ブロー）

シャンプー後はすぐにドライヤーをかけ、完全に乾かします。

ウエットブラシで眉と口ひげ、足をとかします。毛の流れを整え、毛の内側に空気を含ませることで乾きを早くします。

目に直接風を当てないよう注意！

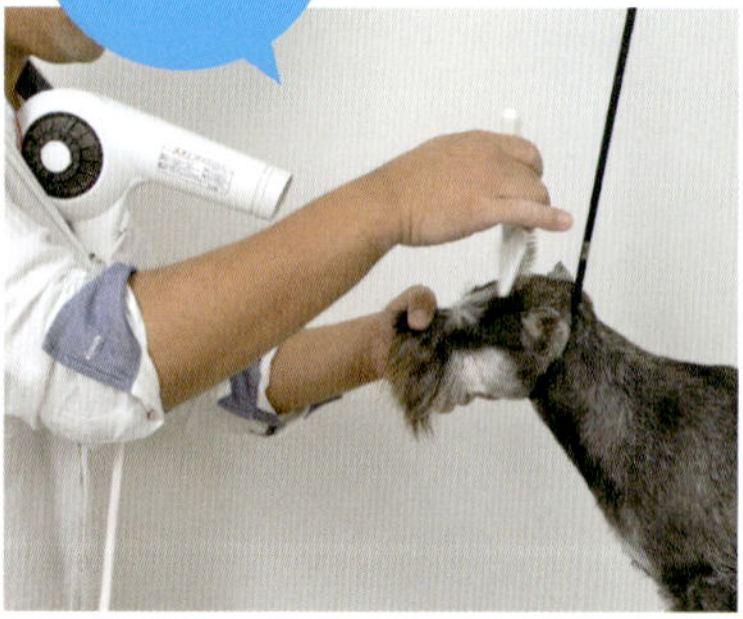

1 眉を乾かします。ドライヤーで風を当てながら、スリッカーブラシで先に毛の流れと逆にとかし、次に毛の流れに沿ってとかします。

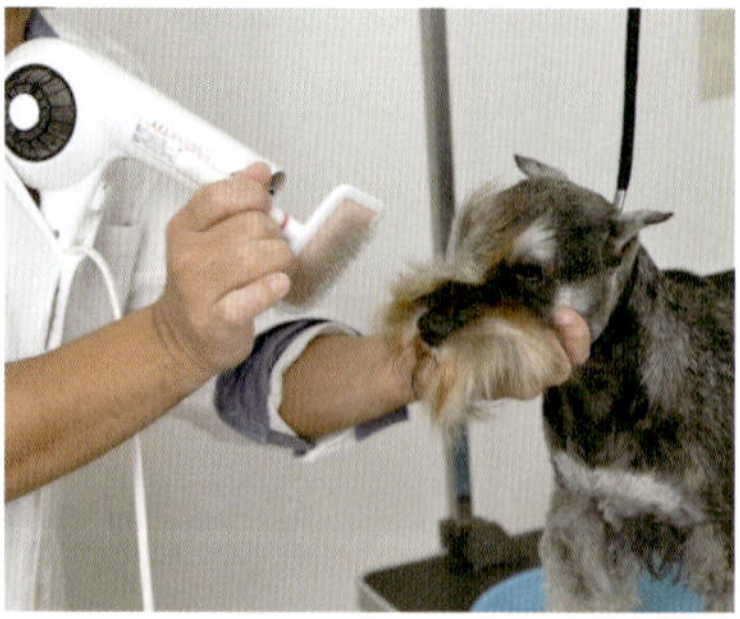

2 口ひげを乾かします。ブラッシングをするときと同じ3つのパーツに分け（P85）、ドライヤーで風を当てながら①と同様にとかします。

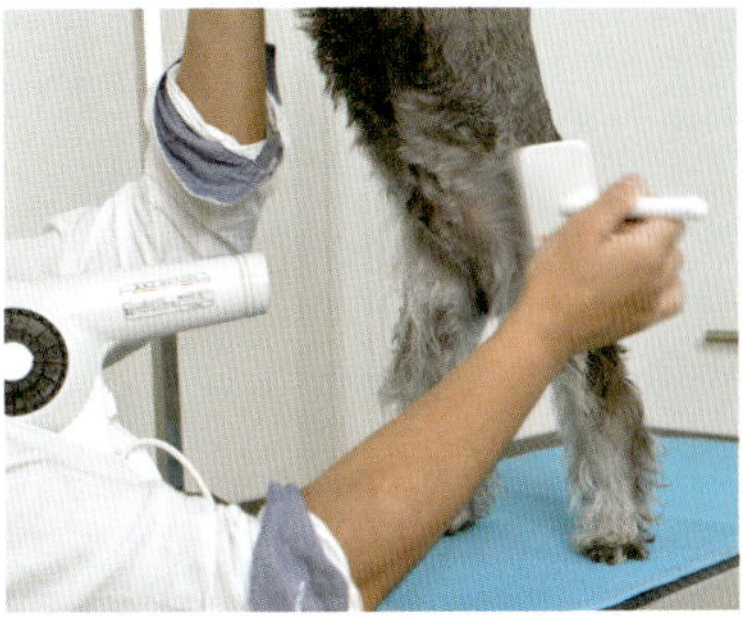

3　犬を後ろ足で立たせ、毛の流れに沿ってとかしながらタック・アップ（腰のくびれ周り）の裏側とひざの裏側を乾かします。

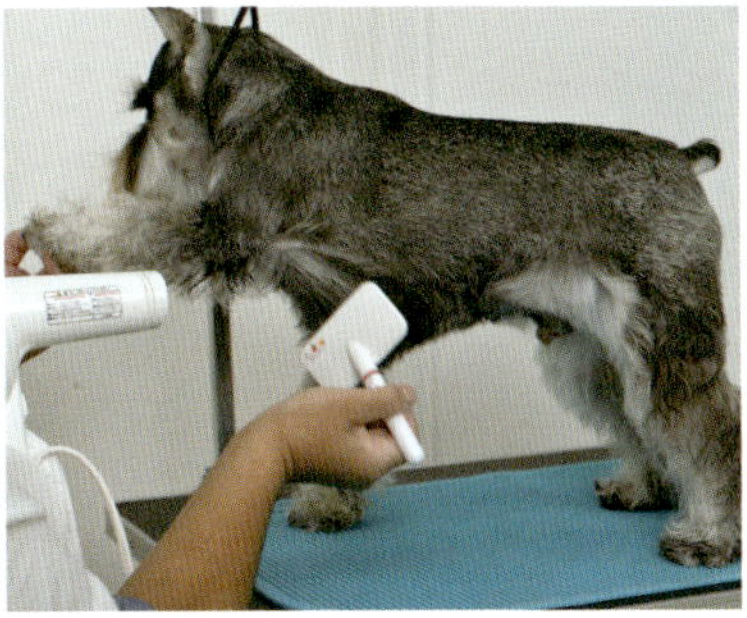

4　前足を持ち上げ、毛の流れに沿ってとかしながら脇を乾かします。

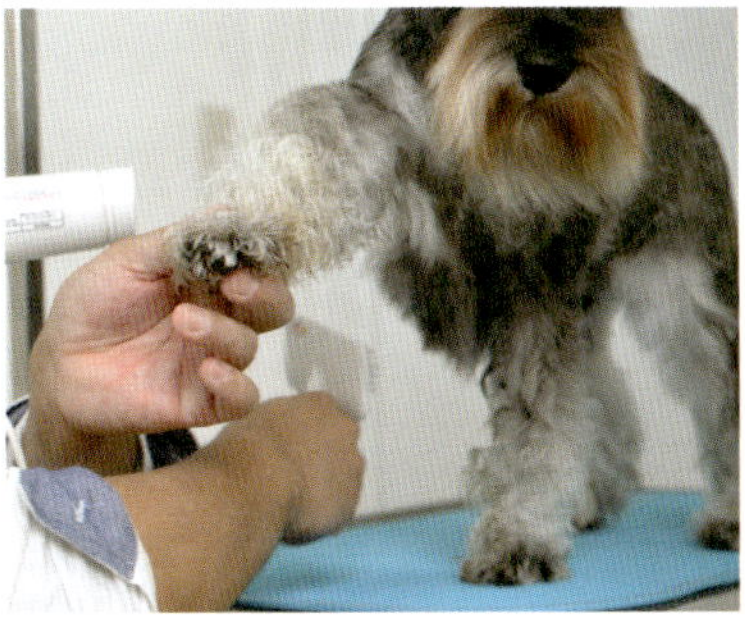

5　前足を4面に分け、それぞれ毛の流れと逆にとかしながら風を当てます。ブラッシングと同様、足の付け根から足先へとかしていきます。

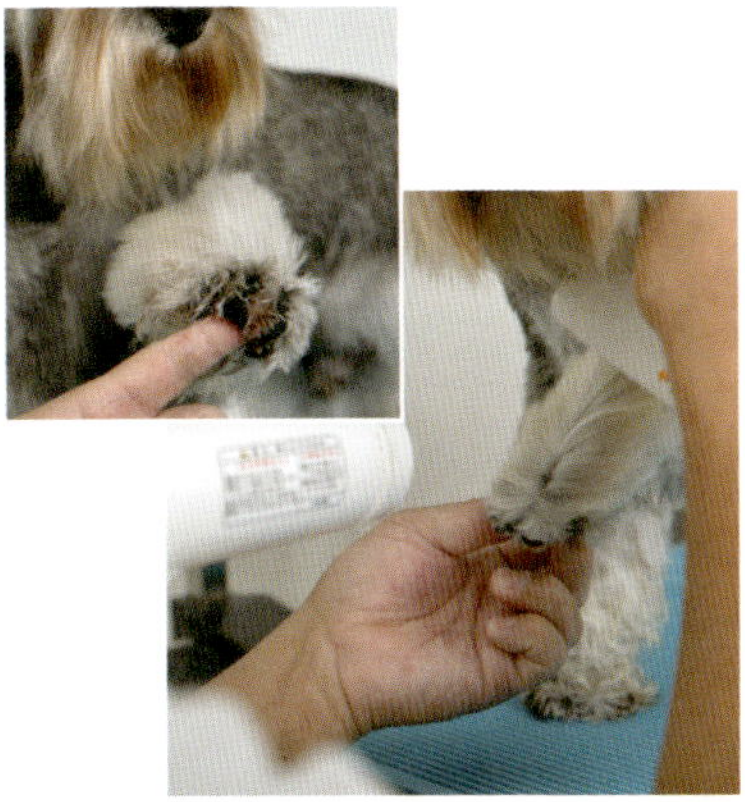

6　足指を開くように足先を押さえ、足指のあいだまで風を当てます。

足を乾かすときの注意

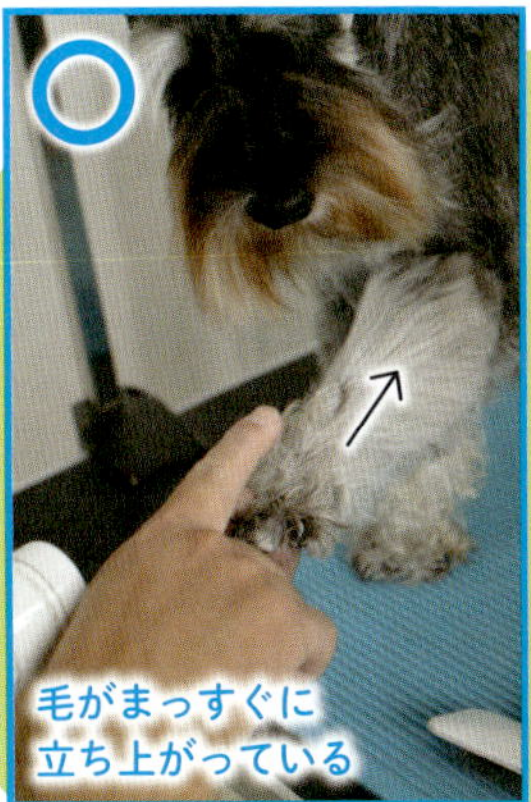
○
毛がまっすぐに
立ち上がっている

×
毛が放射状に
広がっている

足を乾かすとき、ドライヤーの風は必ず毛の流れに逆らって当てます。毛が根元からまっすぐ逆立つようにすることで、きれいな仕上がりにつながります。

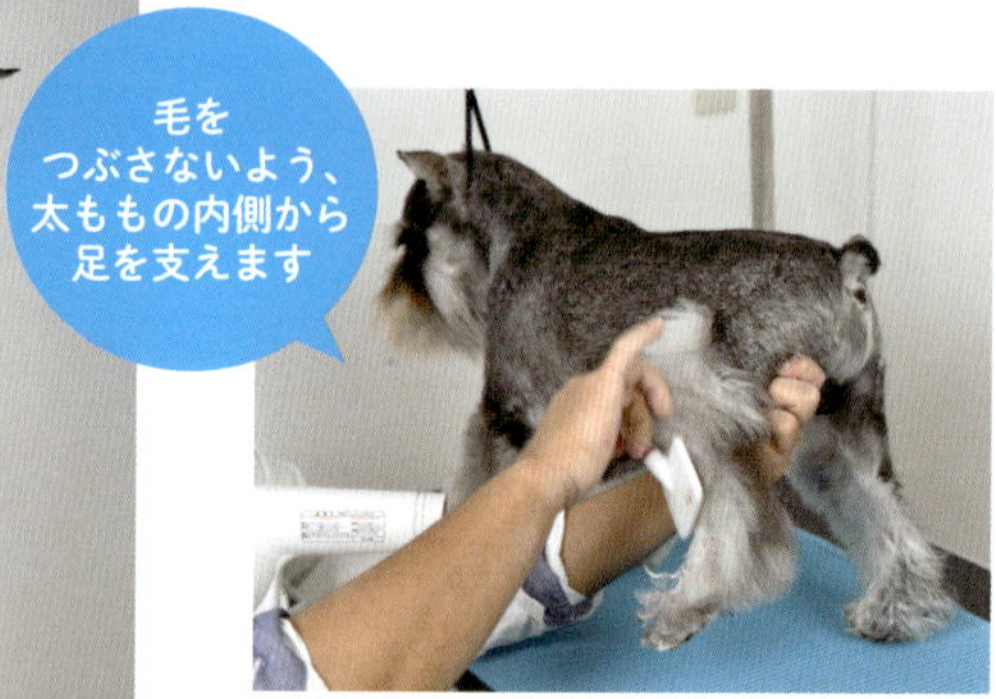
毛を
つぶさないよう、
太ももの内側から
足を支えます

7 後ろ足を４面に分け、前足と同様に乾かします。

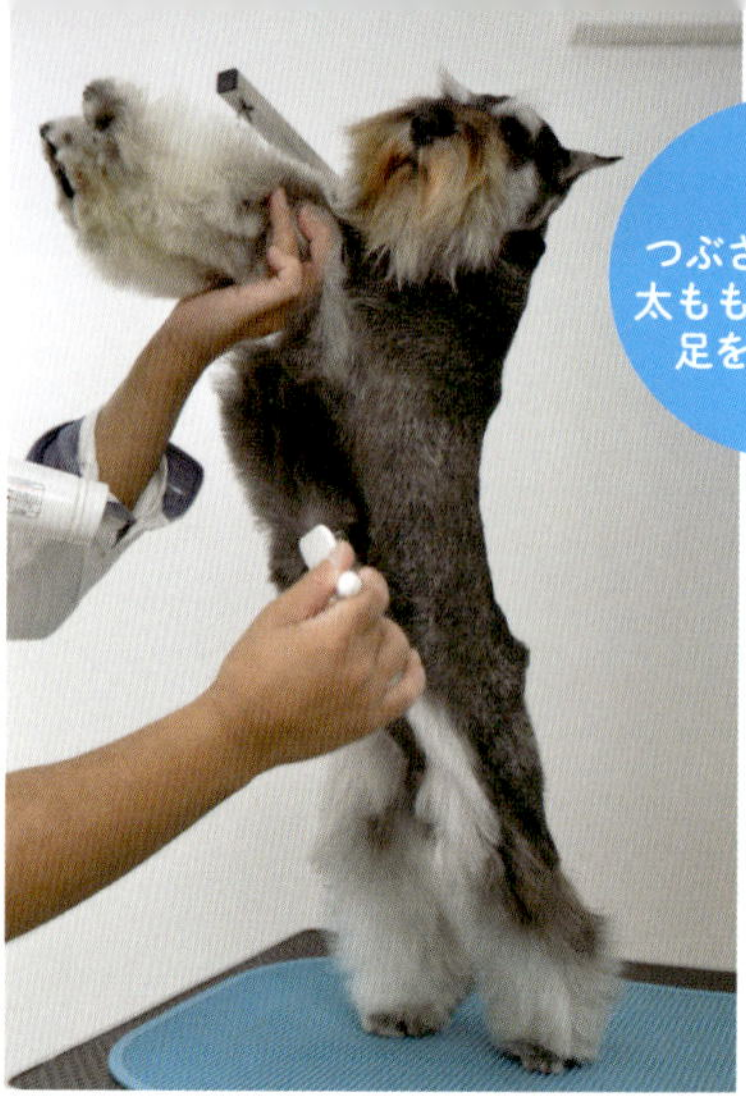

8 犬を後ろ足で立たせ、腹部の毛を体の前へ向けてとかしながら乾かします。

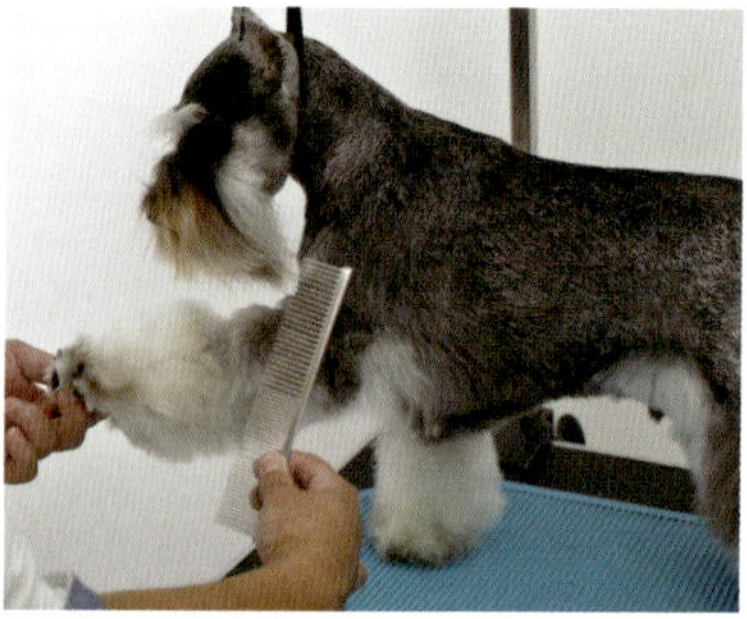

9 コームで毛の流れを整えます。足をそれぞれ４面に分け、毛の流れと逆にとかします。足先から足の付け根へ向けて進めていきます。

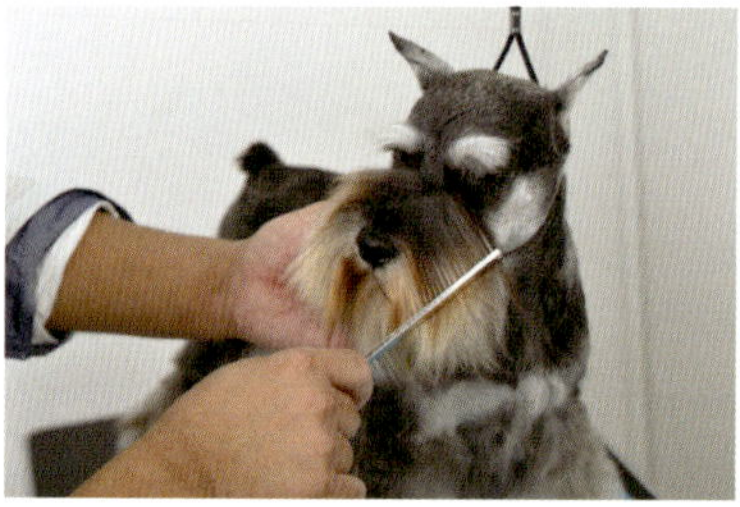

10 口ひげを３つのパーツに分け、毛の流れに沿ってとかします。

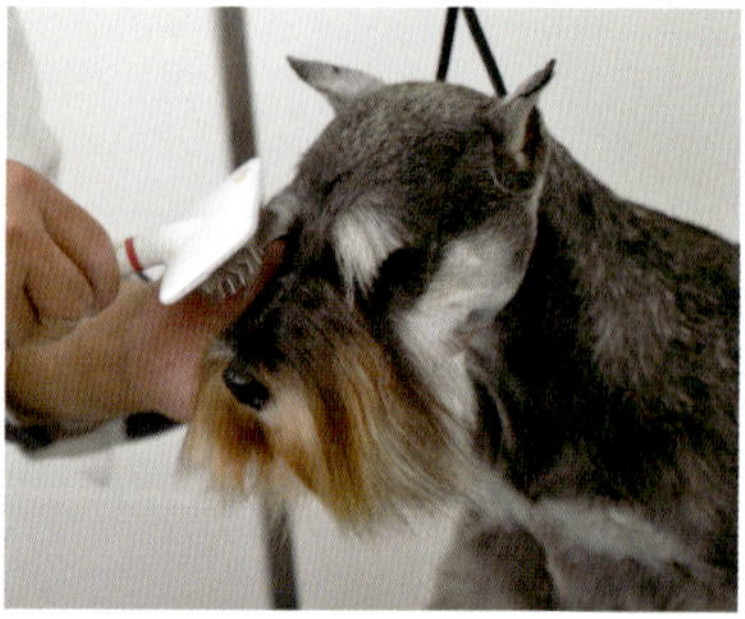

11 眉をスリッカーブラシでとかします。それぞれ、外側へ向けて45度の角度でとかします。

足と口ひげがふんわりと仕上がりました!
Finish

耳掃除と爪切り

気になったときに自宅でお手入れしてあげると、
病気や健康トラブルの予防に役立ちます。

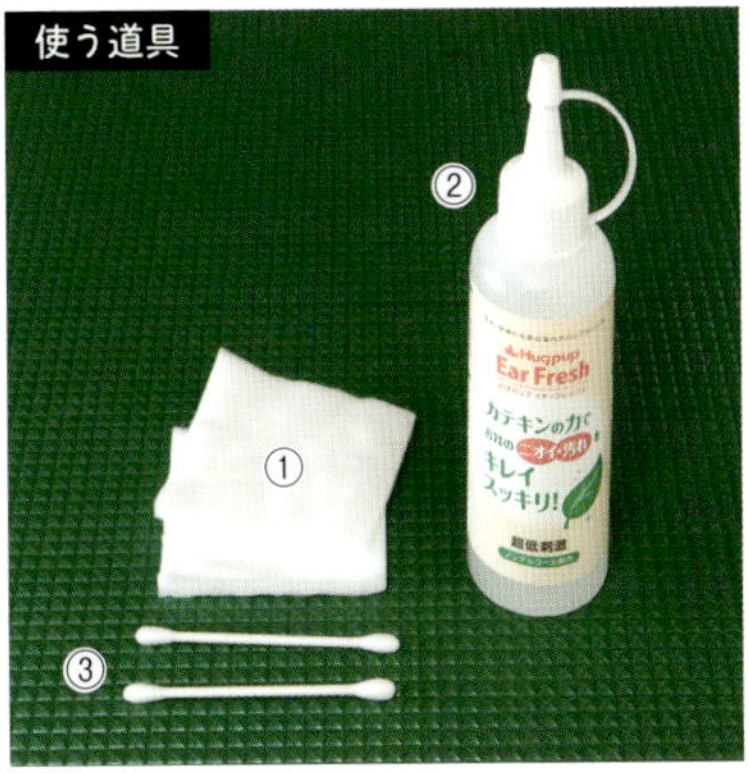

①コットン
②イヤーローション
③綿棒

耳掃除

とくに垂れ耳は
ムレやすいので、
見える範囲だけでも
お掃除を。

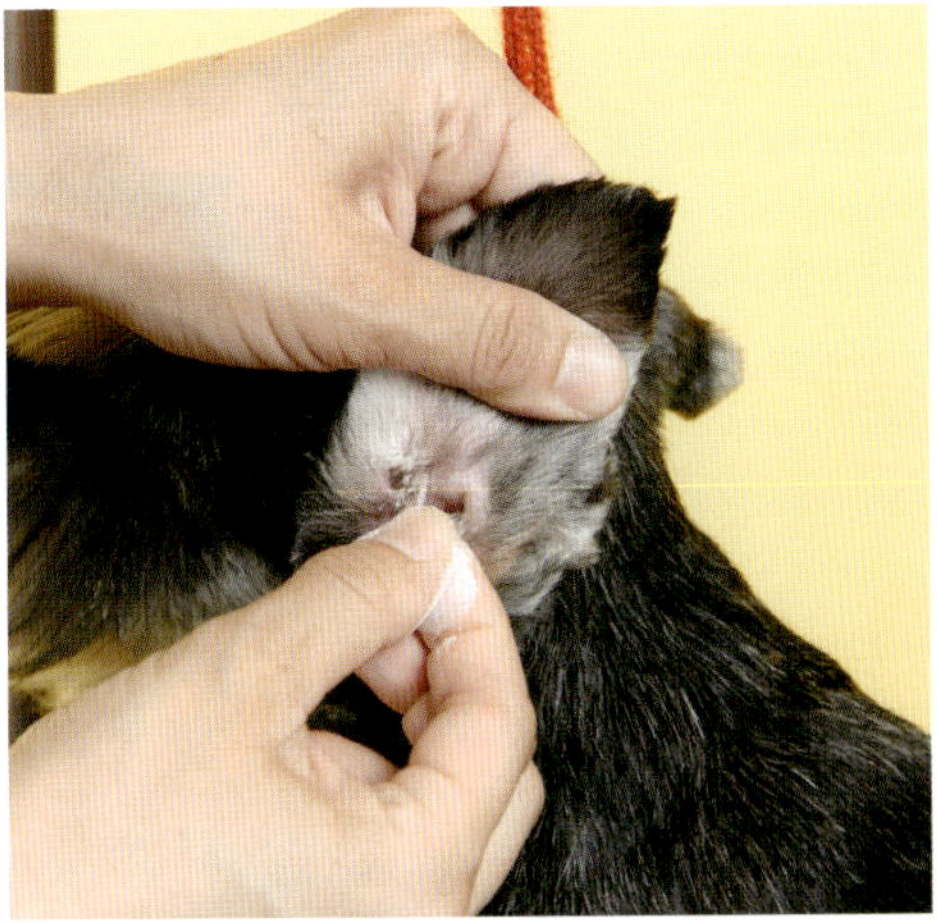

1 耳の穴の周りの毛は、できる範囲で抜くとお手入れしやすくなります。毛の根元を指でつまんで、少しずつ抜きます。

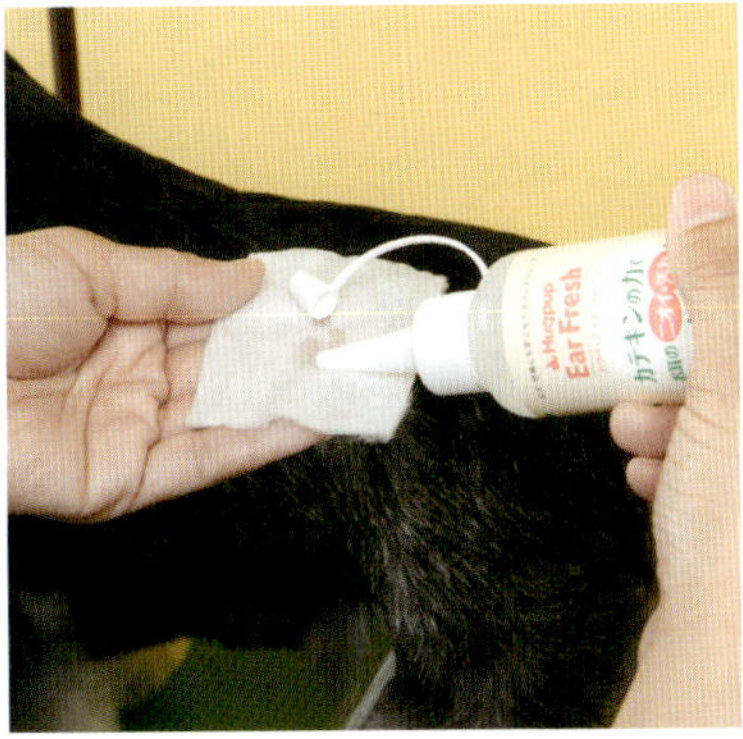

2 コットンを薄く裂き、なめらかな面にイヤーローションを付けます。

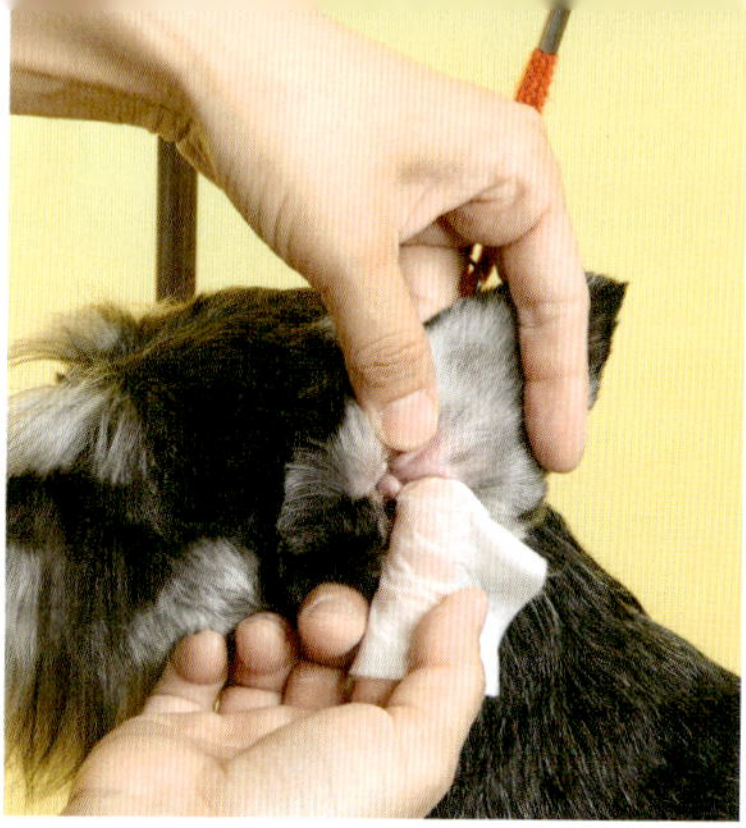

3 ②のコットンを指に巻き、耳の穴の周りの見える範囲をそっとふきます。

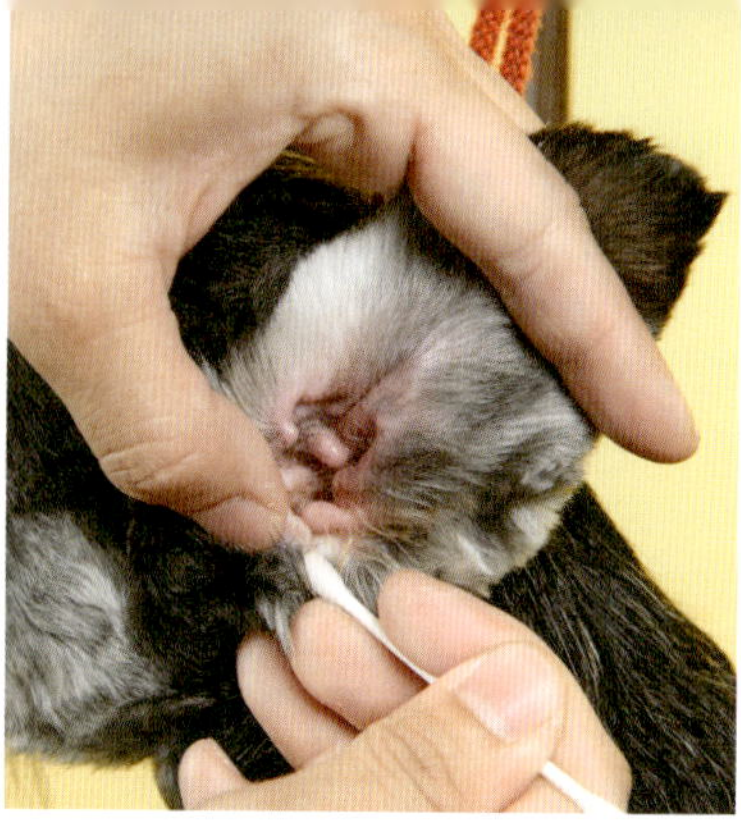

4 綿棒にイヤーローションを付け、ひだのあいだをそっとぬぐいます。耳の穴の奥に入れないように注意。

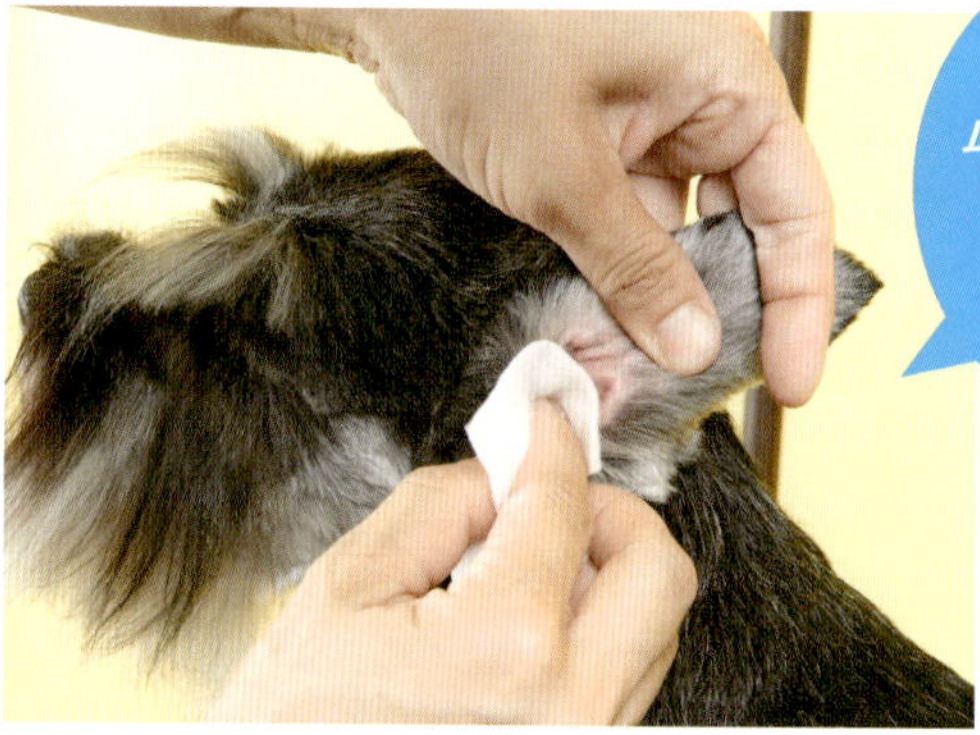

5 ③〜④でぬぐった部分を、乾いたコットンでふき取ります。

水分が残ると
ムレの原因になるので、
ひだのあいだも
ていねいに
ふいておきます

使う道具

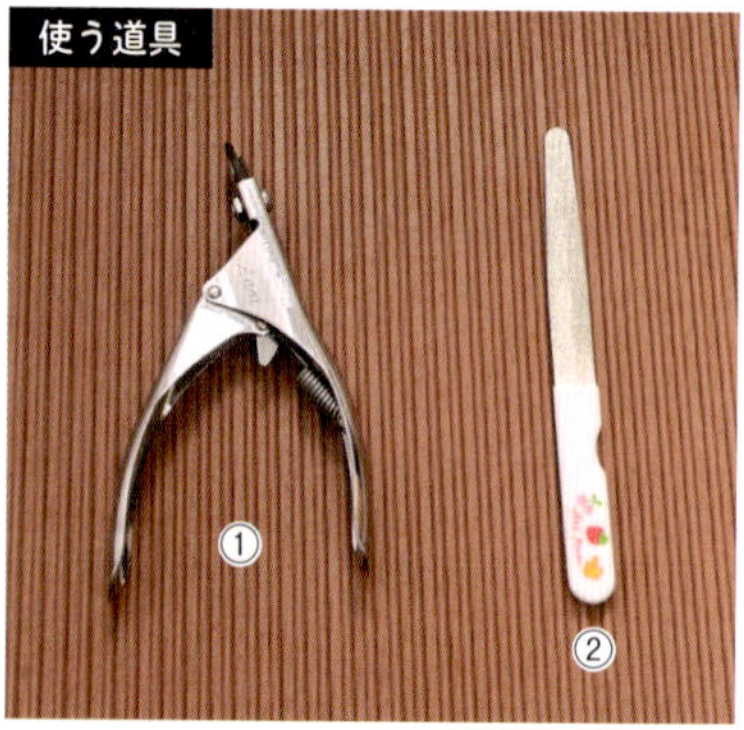

①ギロチン式爪切り
②ヤスリ

爪切り

床を歩くときに
“カチカチ音”が気になったら、
そろそろ切りどきです。

床に座るのもおすすめ

イスの上で犬が落ち着かないようなら、床に座ってみましょう。嫌がって暴れる犬でも切りやすくなります

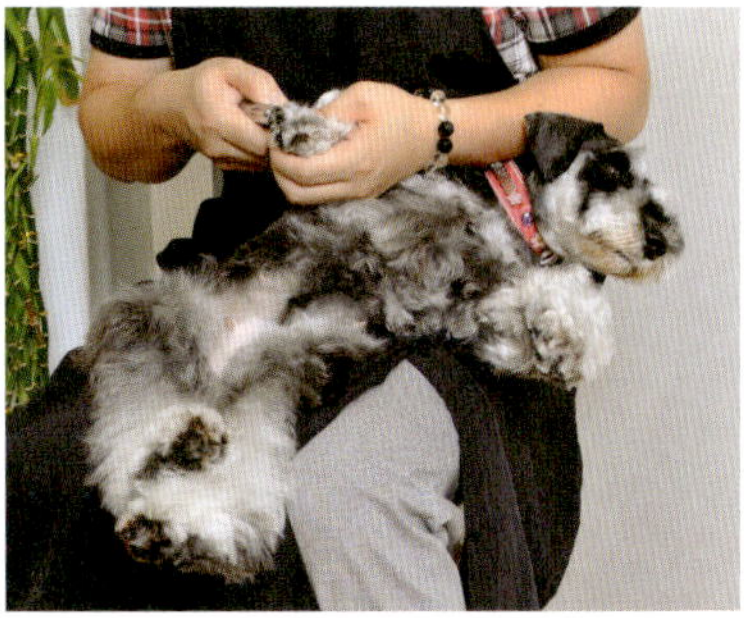

1 犬を両ひざのあいだに挟むように寝かせます。最初は、肉球から飛び出している爪の先端を少しだけ切りましょう。

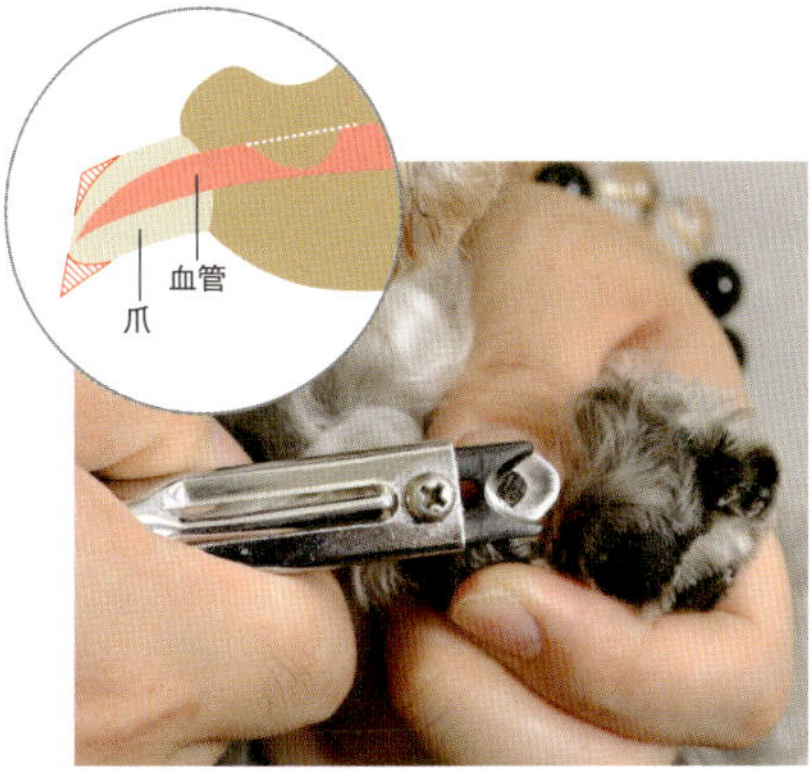

2 先端の中央あたりを切った後、その両端の爪の角を落とします。

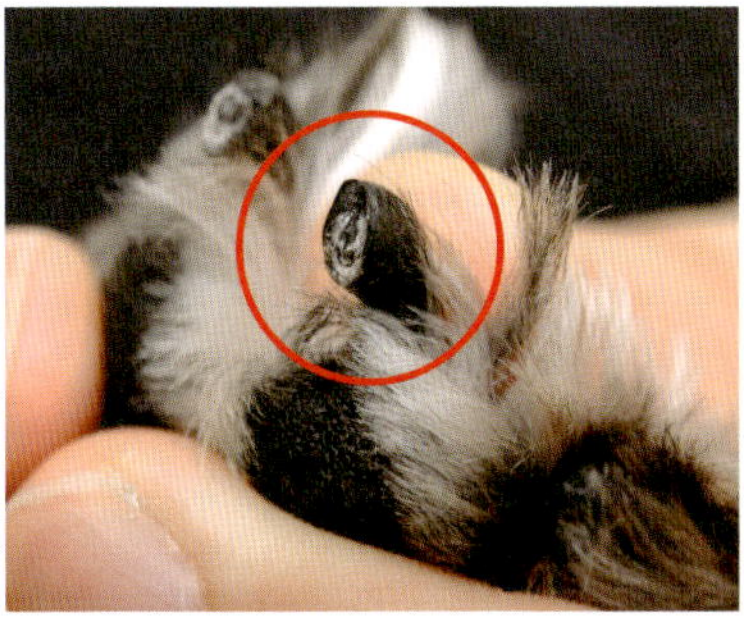

3 血管ぎりぎりまで切って、爪の中心に黒っぽく血管が見えた状態。これ以上切ると出血するので注意。

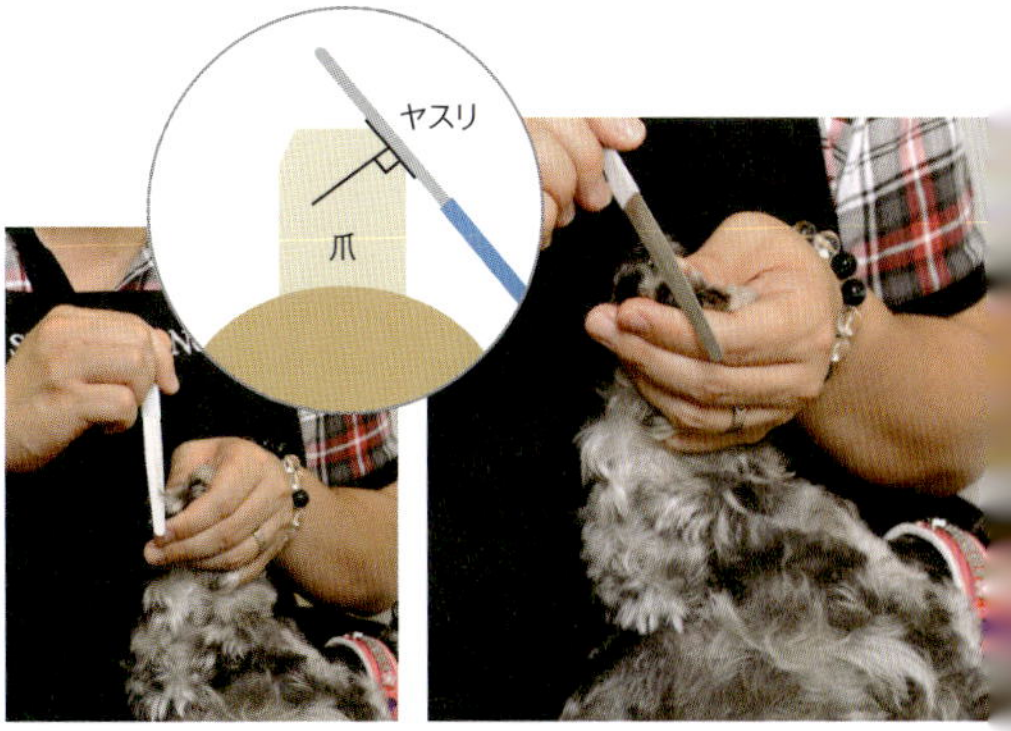

4 ②で角を取った爪の先にヤスリをかけます。角に対して垂直に当てると、無理なくきれいに削れます。

5 爪全体にヤスリをかけて、丸みを帯びた状態に仕上げます。さわってみて、引っかかりがなければOK。

バリカンを使う

バリカンでちょっとしたところを刈れると便利。
無理のない範囲でチャレンジしてみましょう。

家庭向けのペット用バリカンを使います。刃先を上へ向け、鉛筆を持つように軽く持ちます。

足裏

肉球からはみ出す毛を処理して、ケガの予防に。

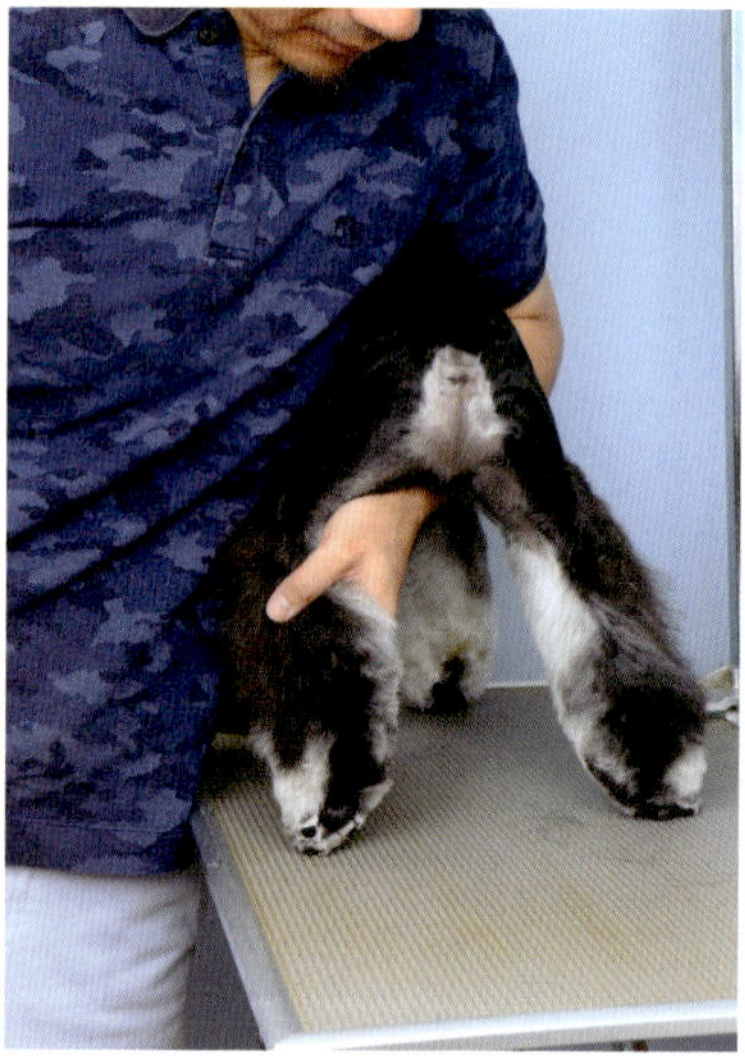

1 後ろ足の足裏を刈ります。反対側の足のあいだから腕を入れ、犬と人の体を密着させるようにすると姿勢が安定します。

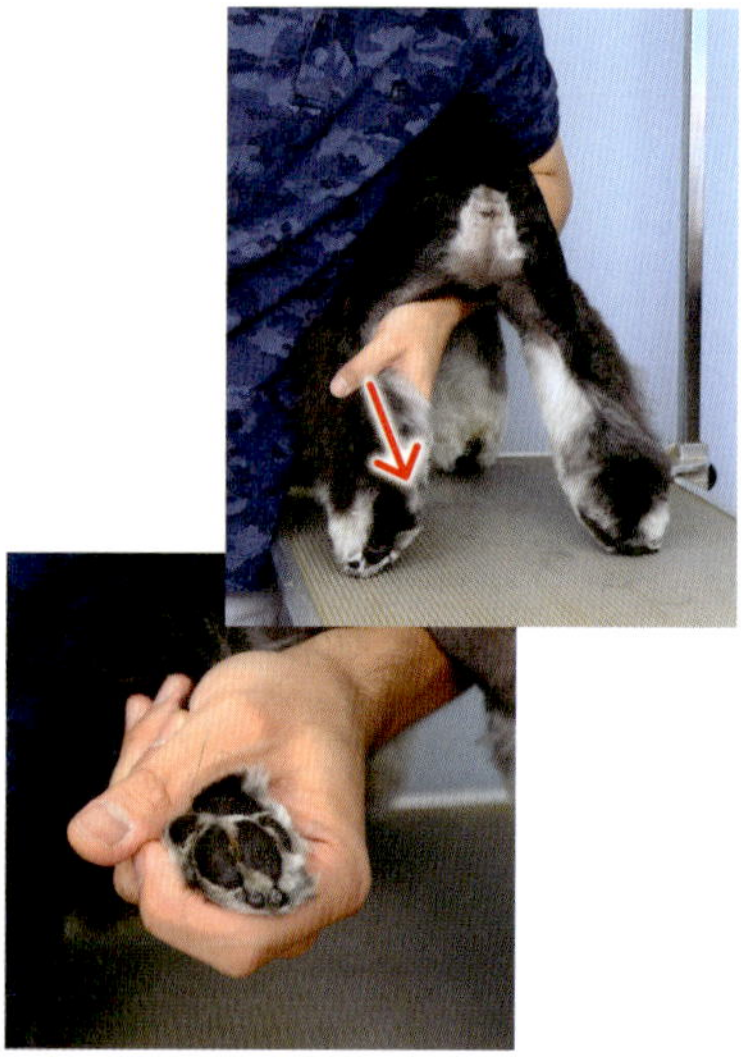

2 ひざのあたりを左手で軽く握り、そのまま足先まで手を滑らせて、足先を自然な角度で曲げさせます。

肉球のあいだの
くぼみに
刃を入れない
ようにします

3 肉球のあいだの毛を指で軽くつまみ出し、肉球の表面より上に出ている毛だけを刈ります。

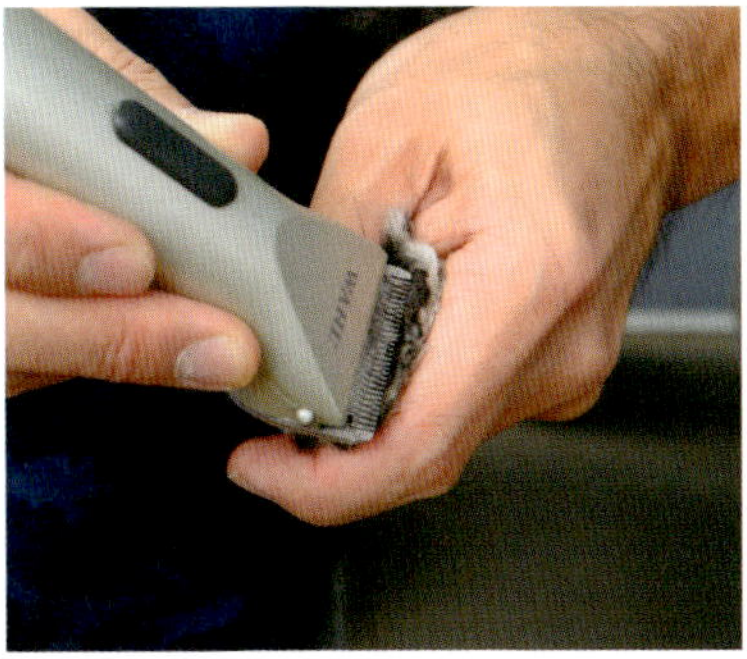

4 肉球の縁の毛も軽く刈ります。

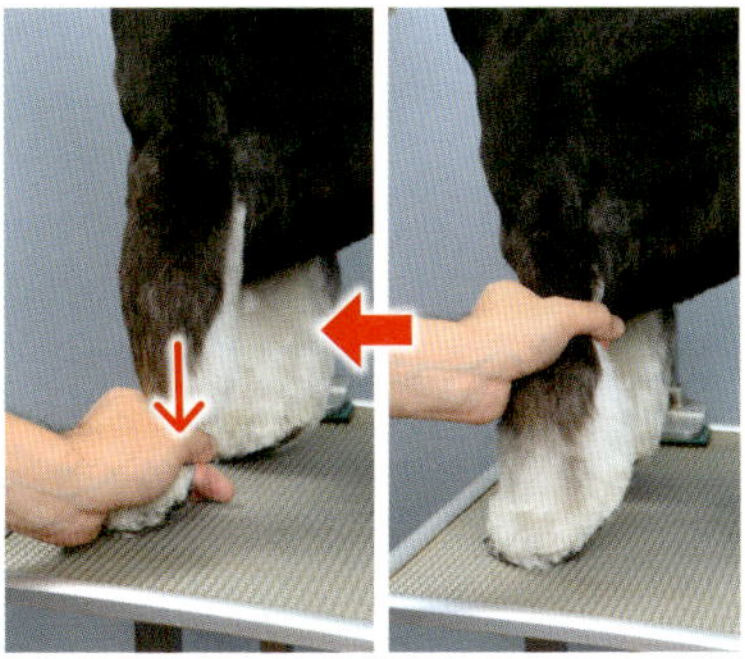

5 前足の足裏を刈ります。肘の下あたりを左手で軽く握り、そのまま足先まで手を滑らせます。

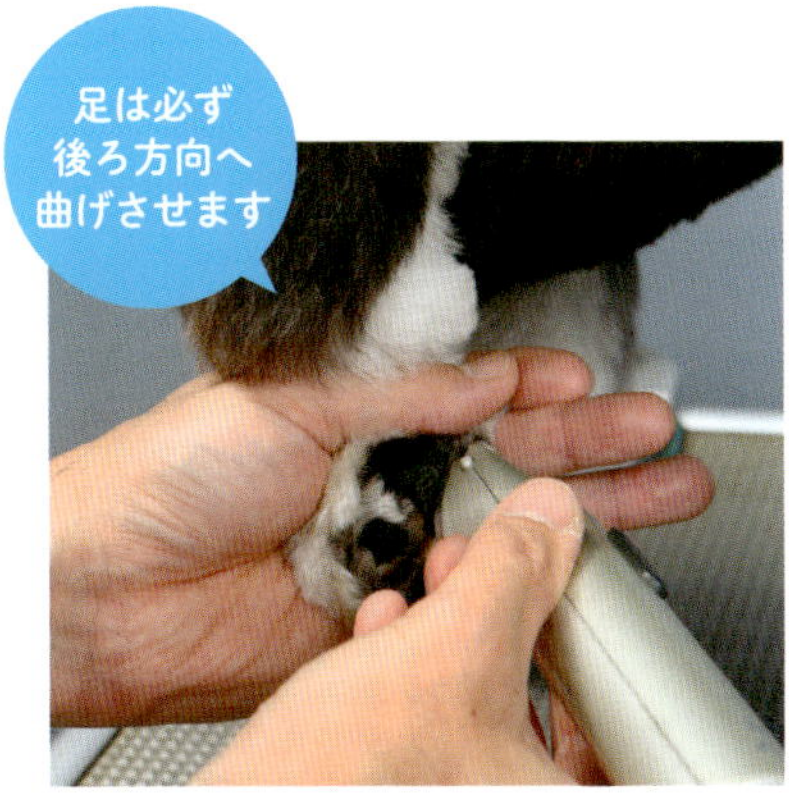
足は必ず
後ろ方向へ
曲げさせます

6 足先を自然な角度で曲げさせ、後ろ足の足裏と同様に刈ります。

耳

耳の毛を処理すると、すっきりした印象に。耳のムレ防止にもなります。

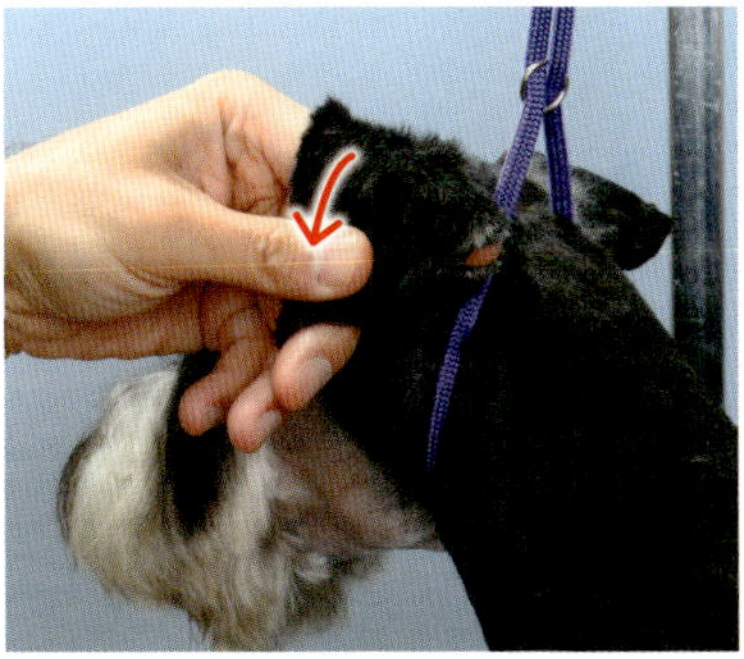

1 耳の表側を刈ります。裏側から左手の人さし指を当て、表側に当てた親指で耳を軽く引っ張るようにして皮膚を張らせます。

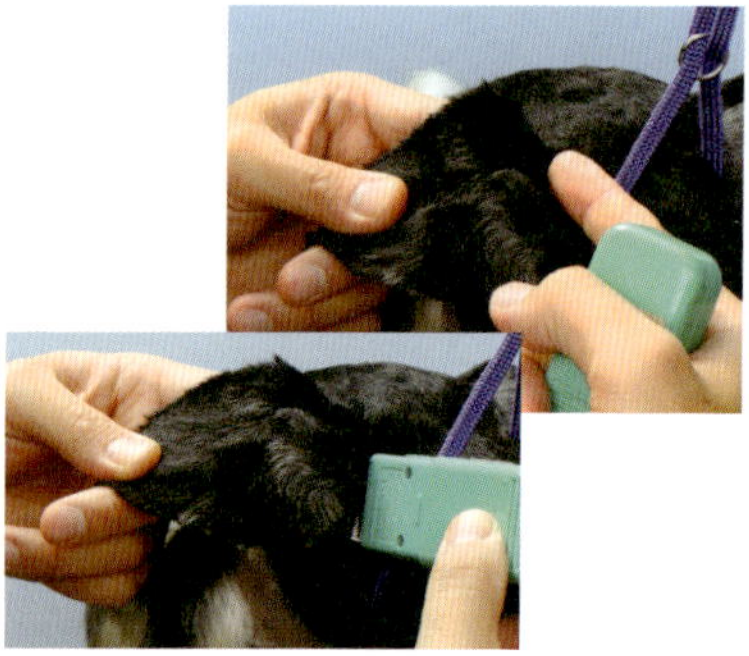

2 指で耳の付け根の位置を確認し、付け根に沿って線を入れるつもりで、少しだけ毛を刈ります。

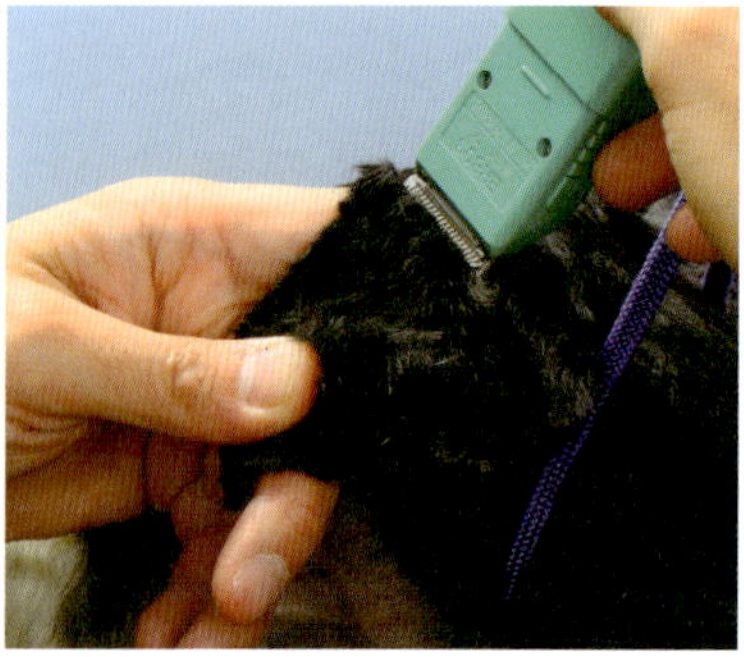

3 ②で付けた線から耳の先へ向けて、毛の流れに沿って刈ります。バリカンはゆっくりと動かし、耳の縁まできちんと毛を取ります。

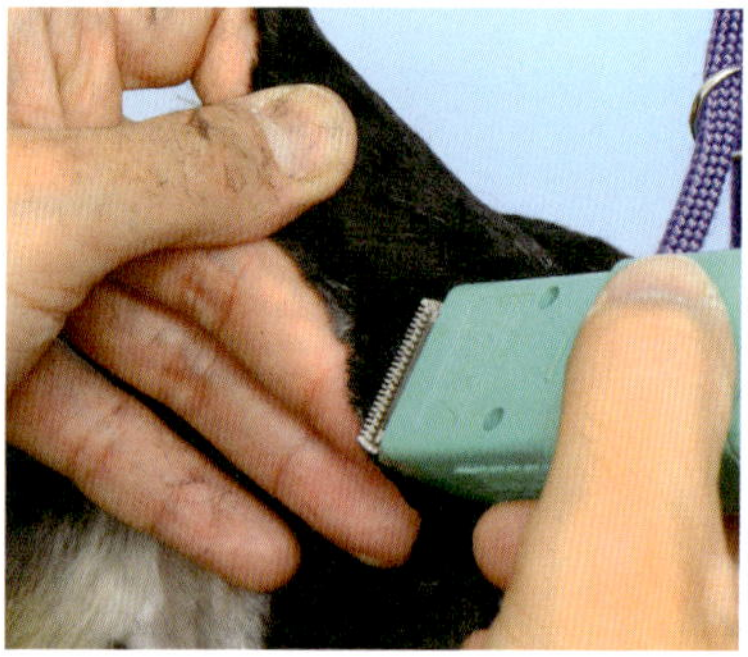

4 耳の後ろ側の皮膚のひだは、皮膚がたるんだ部分に裏側から左手を当て、しっかり伸ばしながら刈ります。

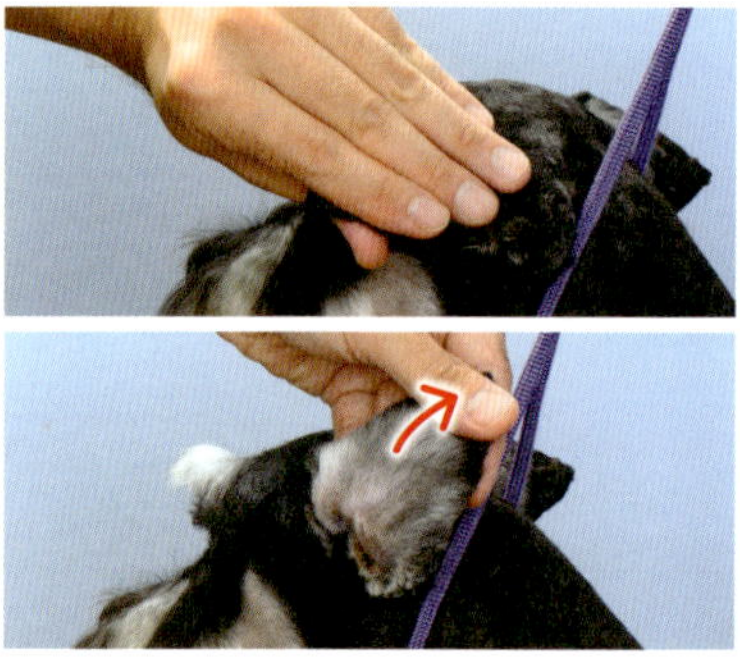

5 耳の裏側に親指、表側に親指以外の4本の指を当て、耳を裏返します。

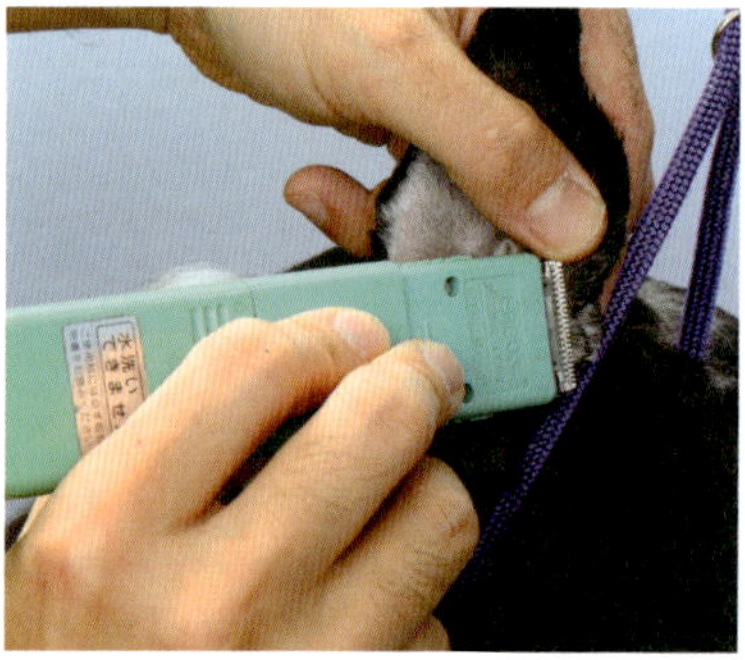

6 4本の指で皮膚を張りながら、耳の裏側も毛の流れに沿って刈ります。

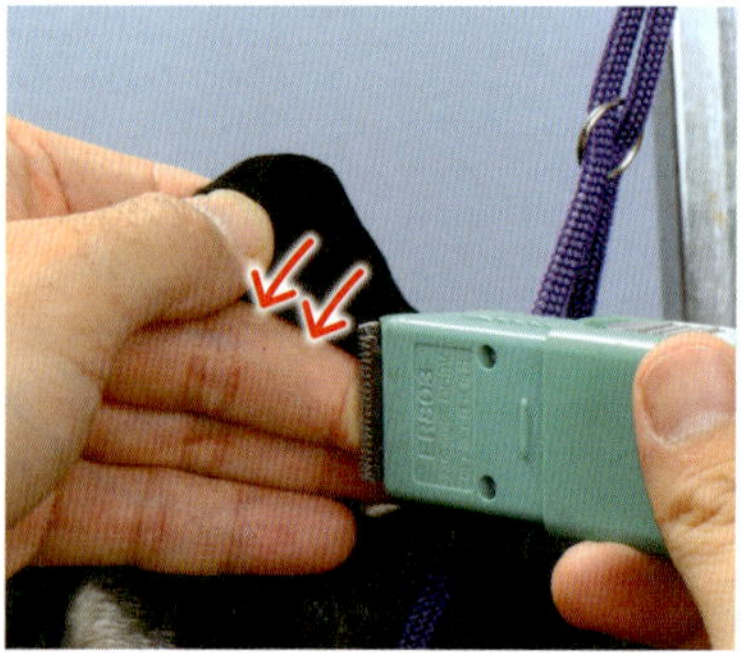

7 耳の縁に残った毛を刈ります。裏側から耳の縁に沿わせるように左手を当て、バリカンの端をやや斜めに動かします。

ナイフ・トリミング

シュナならではの硬いコートは、ナイフで毛を抜く作業によって生まれます。トリマーによるプロのケアに加えて家でもお手入れをすると、より美しい仕上がりに。

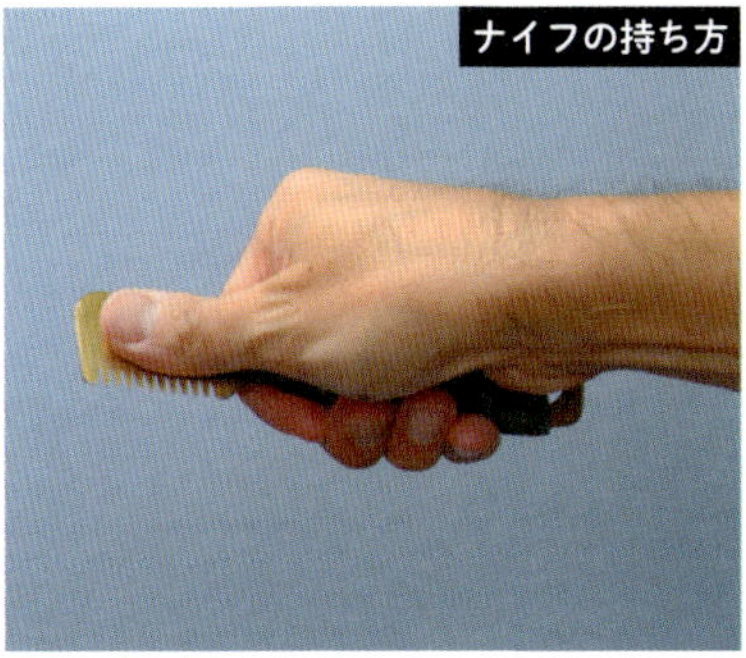

ナイフの柄を人指し指〜小指で握り、親指の腹を刃に軽く当てます。

レーキング

アンダーコートを処理する作業のこと。コートの色とつやがアップします。

ナイフの刃を立てるのはNG

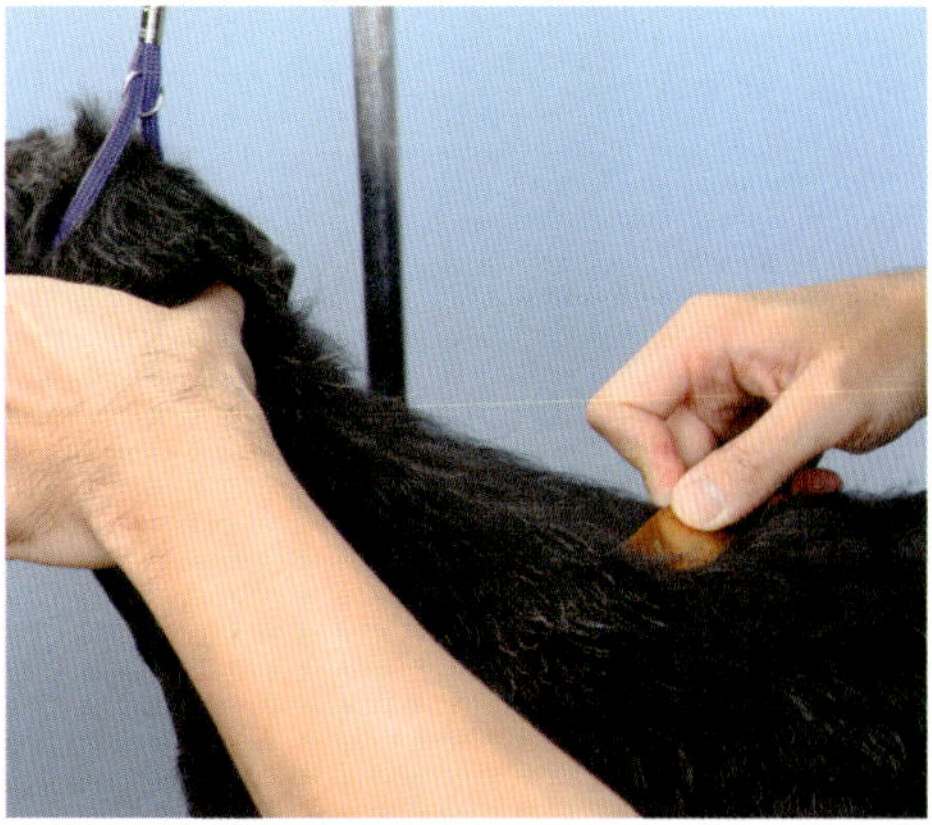

1 ナイフの刃を寝かせて皮膚に当てます。左手で皮膚を軽く引っ張って張らせ、毛の流れに沿ってナイフを滑らせます。

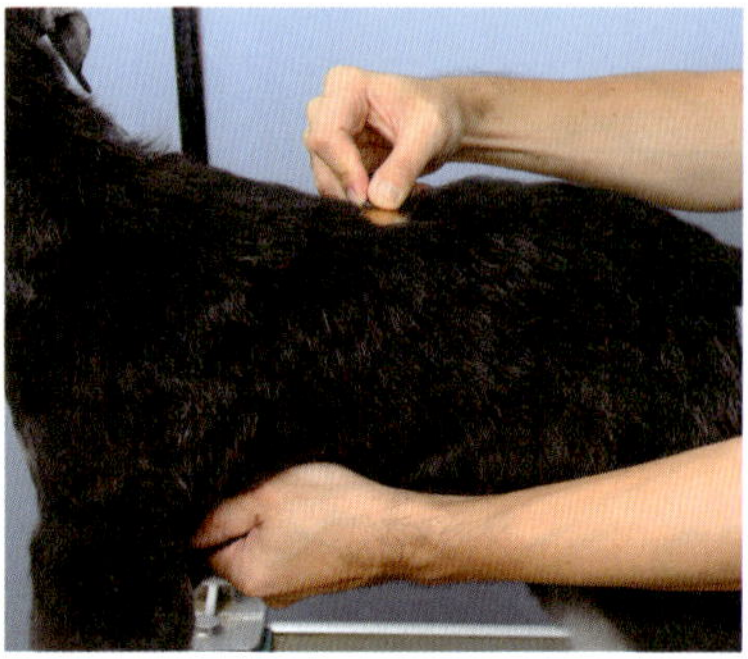

2 ボディをレーキングするときは、腹部の飾り毛を左手でつまむようなつもりで斜め前に引き、皮膚を張らせます。

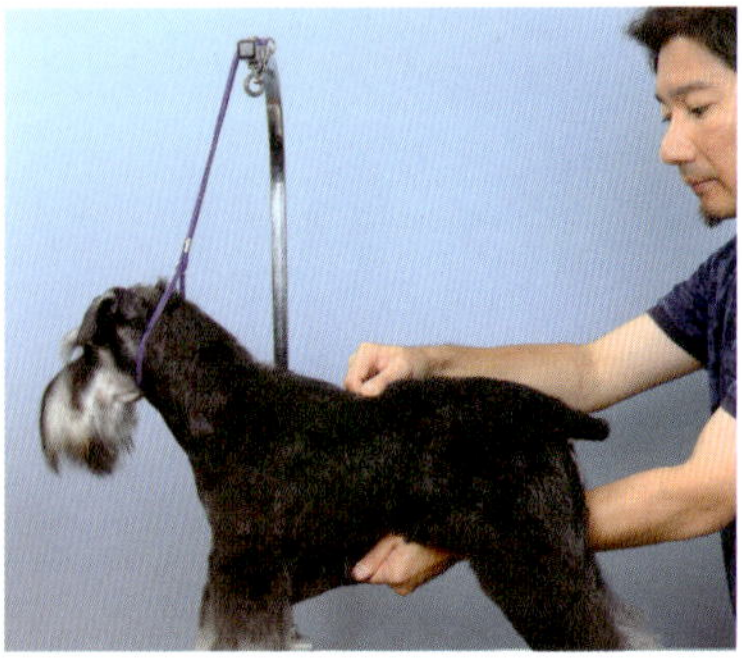

3 犬が座ってしまうときは、左右の後ろ足のあいだから左腕を入れると姿勢を安定させることができます。

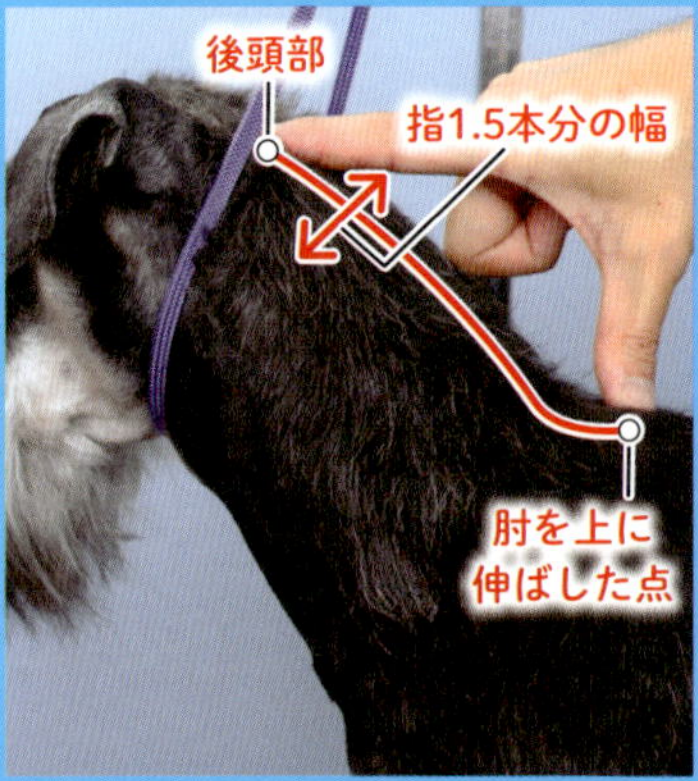

後頭部〜肘を上に伸ばした点を結ぶラインの左右（指1.5本分の幅）はあまり抜かないように。トリマーさんに任せましょう

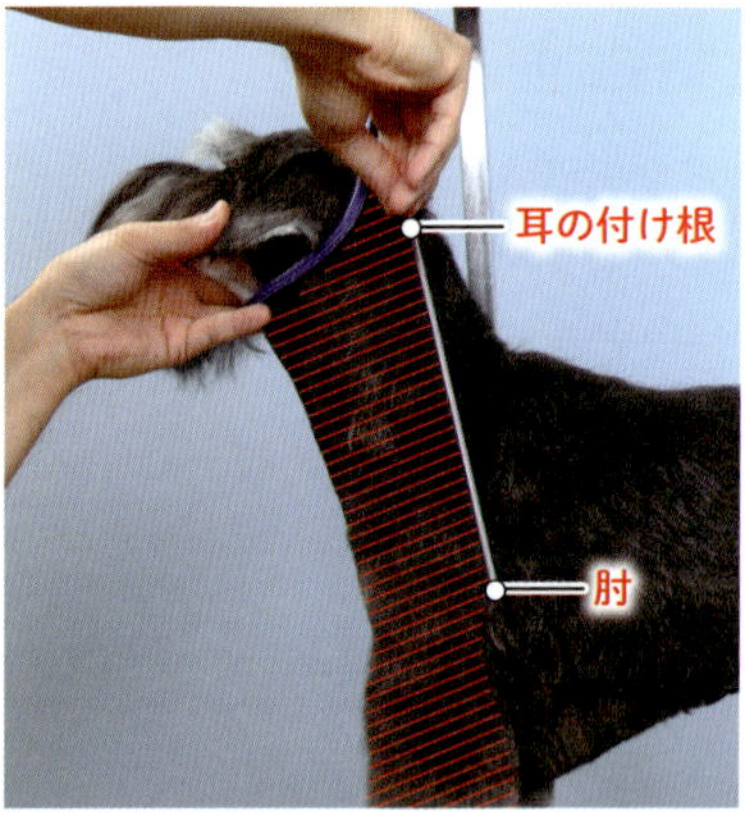

4 ボディの両サイドと、耳の付け根〜肘をまっすぐに結んだ線より前の部分（首の横や肩など）は、とくに抜いておきたい部分。全体がすっきりと見えます。

トリミング・ナイフって？

片側にギザギザの刃が付いているナイフ。このギザギザ部分で毛を引っかけて抜きます。ギザギザの大きさ＝「目」によっていろいろな種類があるため、興味があったらテリアやシュナを得意とするサロンやトリマーさんに相談してみましょう。

プラッキング

表面に浮き出た毛を抜く作業。
コートを硬く
タイトに整えます。

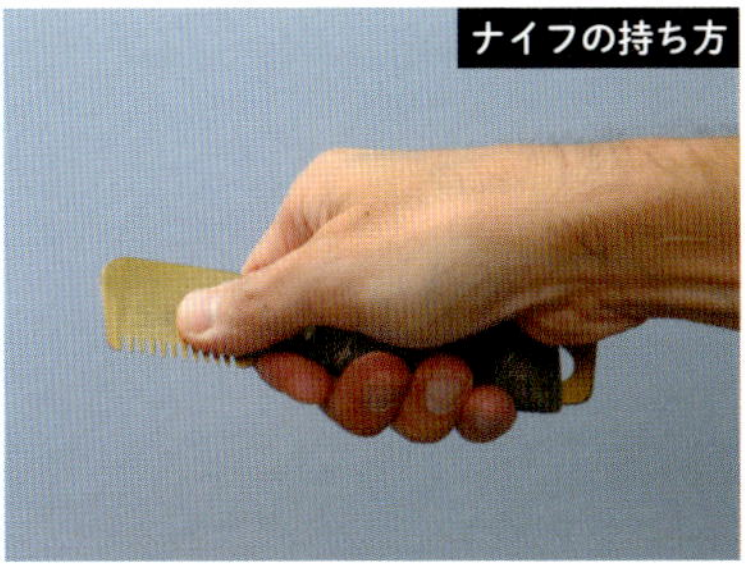
ナイフの持ち方

ナイフの柄を人さし指〜小指で握り、親指の先のほうを刃に軽く当てます。

1 レーキングを終えると、表面に長い毛が浮いてきます。

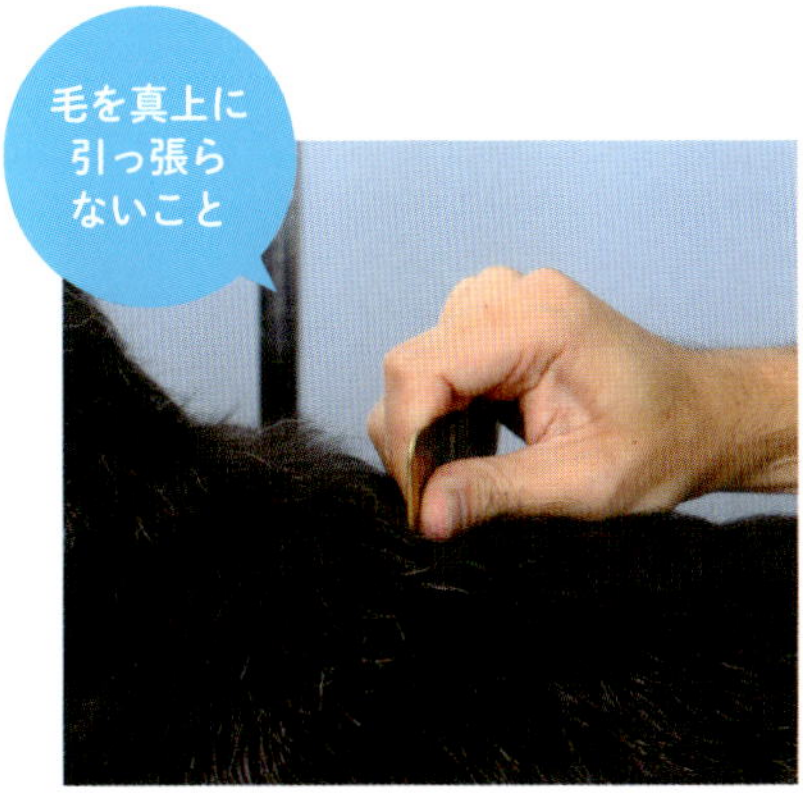
毛を真上に
引っ張ら
ないこと

2 ナイフを立てて①の浮いた毛に当て、親指で毛先を押さえて、毛の流れに沿って引き抜きます。

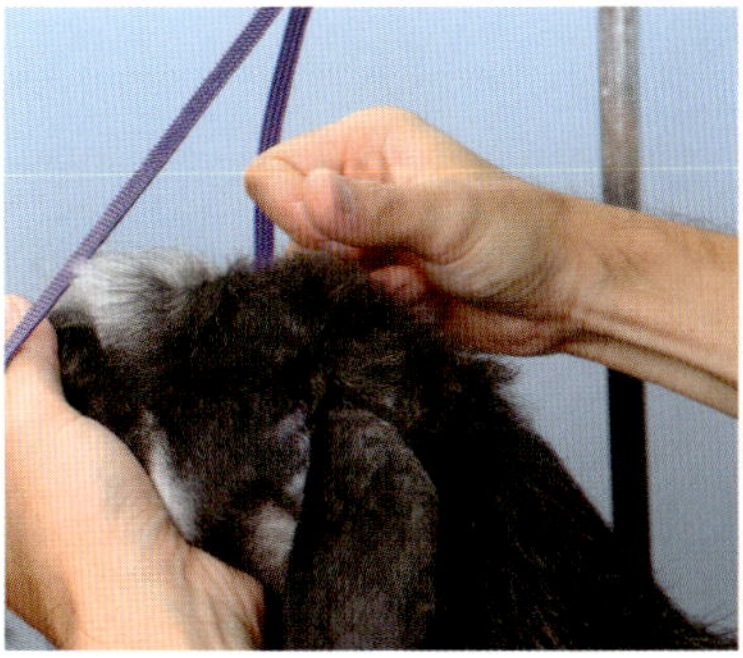

3 頭頂部の毛は、指で毛の流れとは反対にこすって逆立てます。

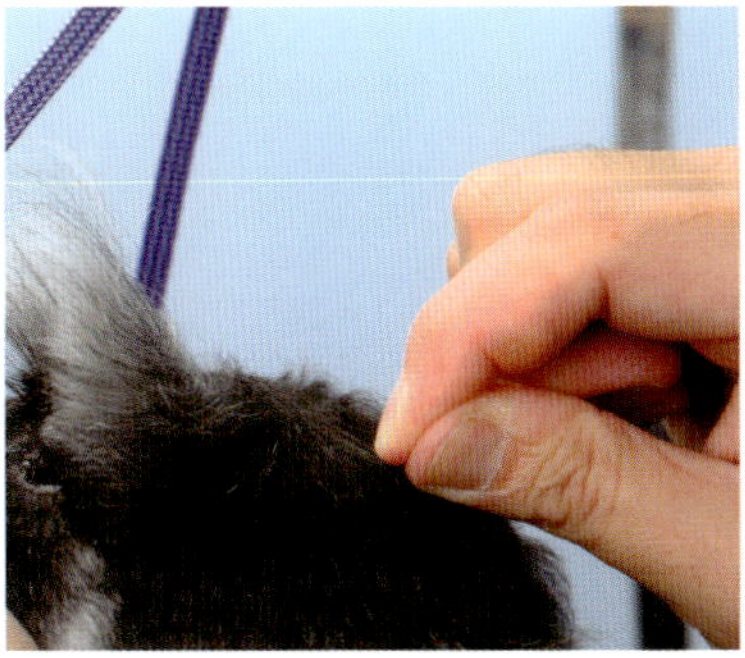

4 浮いてきた毛のいちばん長い部分だけを指先でつまみ、毛の流れに沿って引き抜きます。

歯みがきマニュアル

**犬が嫌がったり、うまくみがけない部分があるなど
なかなか難しい歯みがき。コツをつかんで
シュナのお口の健康を守りましょう。**

歯みがきが必要なワケ

**シュナの健康維持のために、
歯みがきは欠かせません。**

　シュナを含むすべての犬がいちばんかかりやすい病気は、「歯周病」だといわれています。歯周病は人間でも起こりやすい病気ですが、犬の場合は体質的にさらに発生率が上がるため、飼い主さんは十分な注意が必要。歯周病が重症化すると、上あごの奥歯の根元が化膿し、目の下あたりの皮膚から膿が出る「眼窩下膿瘍」を発症することもあります。また、腫れた歯ぐきから細菌が血液に侵入して全身を巡り、「心内膜炎」や「糸球体腎炎」を引き起こす危険性も高くなるのです。

　シュナ特有の口腔内の病気というものはありませんが、M・ダックスフンドなどと同様に潰瘍性歯周口内炎（歯に付いた歯石や細菌などが刺激となって口内の粘膜が反応し、歯肉が赤くなって潰瘍ができる病気）になりやすい傾向があるようです。この病気では口の中に痛みが出るため、犬が食事を嫌がるようになるのが特徴です。

　これらの病気を予防するためには、歯みがきを中心とした基本的なオーラルケアが重要。また、シニア期に歯を健康に保つには、若いころからの継続的なケアが欠かせません。ここで紹介する3つのステップを踏んで徐々に愛犬を慣らしていき、毎日しっかりと歯みがきをするようにしてください。その上で、サポートとしてガムなどのケアグッズを使うのもおすすめです。

保定のしかた

**歯みがきのときは、
犬が動かないよううまく体を
押さえます。**

ひげの押さえ方

シュナの特徴でもあるひげは、片手で軽く持ち上げてめくった状態で歯みがきをしましょう。ひげが長い犬は口の中に入らないように注意。

ひげを
持ち上げることで、
顔を固定できる
効果も。力加減には
気を付けて！

犬の様子を見ながら
少しずつ
慣らしていって！

歯みがきをするときの姿勢

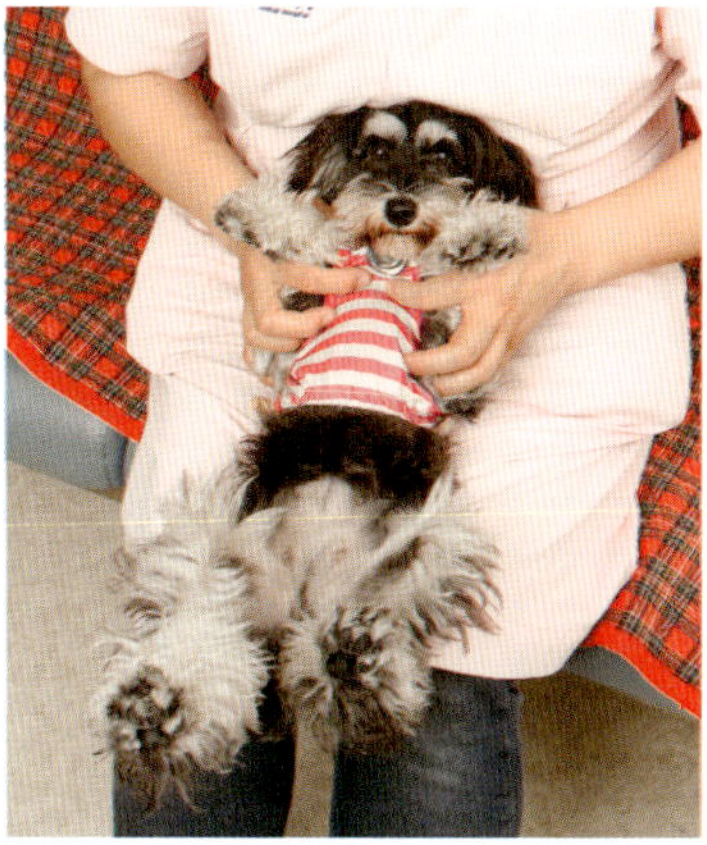

緊張しがちな犬は、飼い主さんのひざの上で仰向けに抱っこするとリラックスすることがあります。犬の様子を見てやりやすそうな姿勢で。

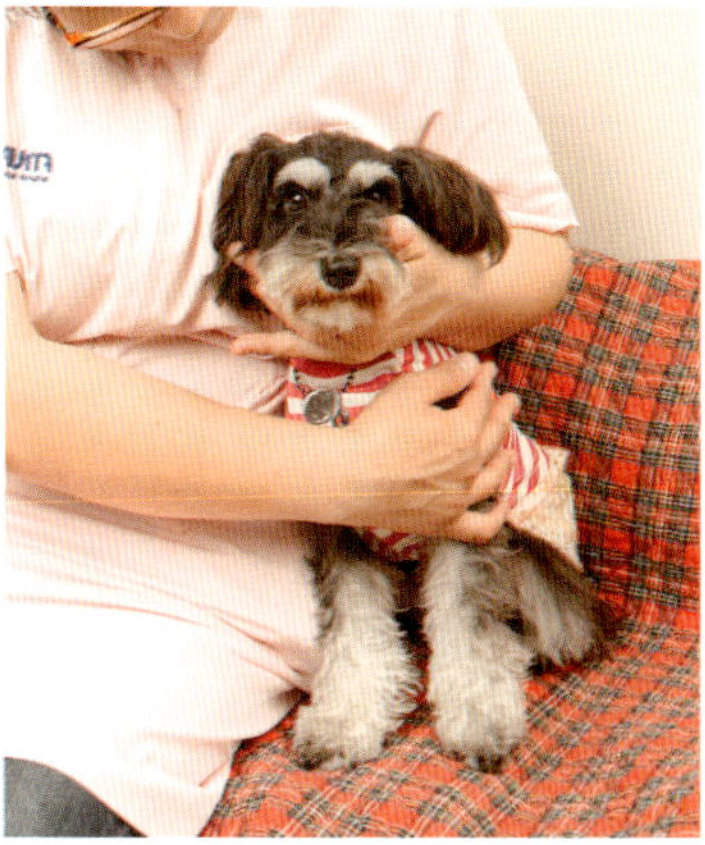

小脇に抱える姿勢は、犬が逃げ出しにくく、片手で顔が動かないように保定しやすいというメリットがあります。歯みがきに慣れている犬なら、テーブルなどの上でも大丈夫でしょう。

歯にさわる

嫌がる犬は、
体をさわることから
始めます。

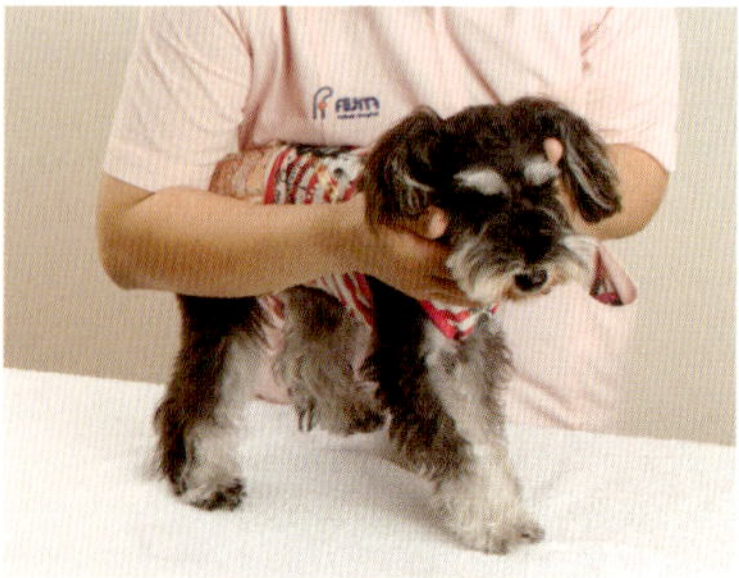

1 いきなり犬の口に手を近付けず、まずは体をさわられることに慣れさせましょう。背中や首から始めて、リラックスしてきたら徐々に手を犬の顔に近付けていきます。

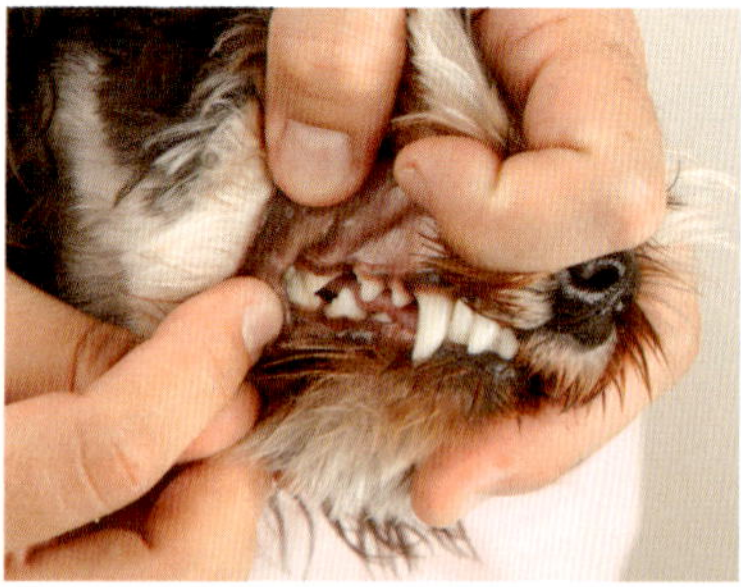

2 唇をめくって歯を指でやさしくさわります。

3 暴れないでさわらせてくれたら、ごほうびにおやつをあげてほめましょう。

ガーゼ&指サックでみがく

まずは、ガーゼや指サックで
慣らすとスムーズです。

1 歯みがき用のガーゼか指サックを指に着けて水に浸し、歯の表面を軽くこすります。ガーゼが乾いていると、摩擦で歯や歯ぐきを傷付けてしまうので要注意。

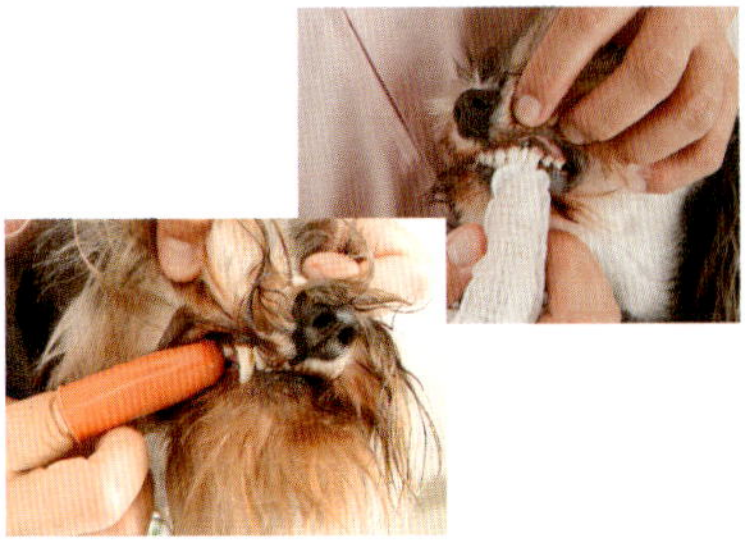

2
歯周ポケット（歯と歯ぐきの境目）を指でみがくのは難しいため、無理に奥まで指を入れずに届く範囲で。唇とひげをめくって、みがいている部分が見えるようにします。

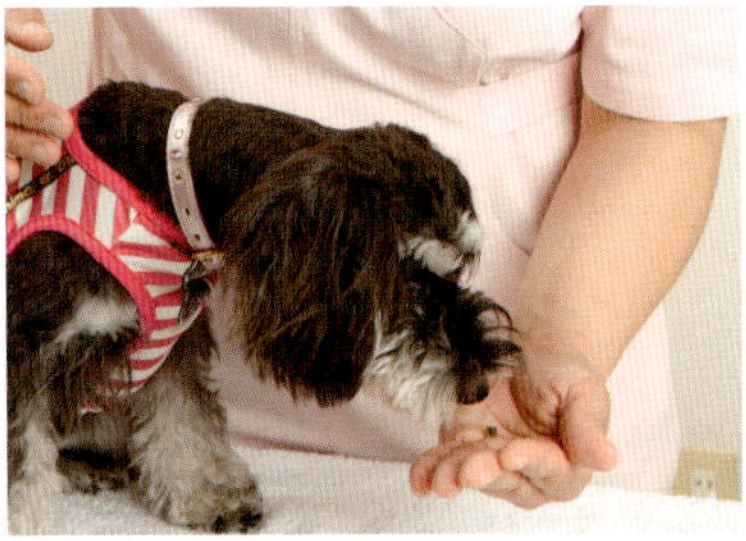

3
嫌がるようなら、無理せずおやつで気を引きながら、徐々に指を入れられる範囲を広げていきましょう。慣れたら歯ブラシに移ります。

歯ブラシでみがく

力加減に注意してやさしくみがいてあげましょう。

歯ブラシは
ペンと同じ
持ち方で

1
水に浸した（歯みがき用ジェルを付けた）歯ブラシを犬の歯に当てます。最初は歯ブラシを歯に当てられただけでもほめましょう。

歯ぐき
歯
45°
毛先が軽く
たわむ程度の
力で

2
みがくときは、歯ブラシを歯の側面に対して45度の角度で当てると汚れを取りやすくなります。歯周ポケットを中心に、少しずつ奥までみがいていきましょう。

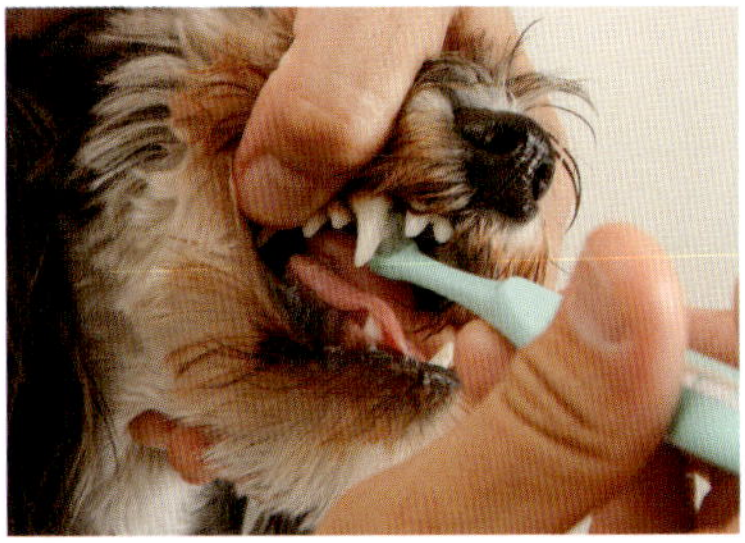

3
歯の裏側は、犬歯の後ろのすき間に上唇を押し込むように上あごを押さえ、口を大きく開けさせてみがきます。歯と歯のあいだのすき間から歯ブラシを入れてもよいでしょう。

シュナのためのマッサージ

体をほぐしながら体調を整えるマッサージは、シュナの健康キープに役立ちます。スキンシップにもおすすめ。

マッサージの効用

「メンテナンスドッグマッサージ」の目的と効果とは？

筋肉がしっかりしているシュナは全身がこりやすく、体が硬くなってしまうことがあります。とくにあごを何かに乗せたがるときは、首や肩が疲れているサイン。ひざや足首を曲げずに歩いているときも、筋肉が硬くなっている可能性があります。

筋肉が硬いということは、その部位にコリがある状態。そのままにしておくと関節の可動域（動く範囲）が狭くなり、関節に負担がかかったり、血液の流れや代謝が悪くなって、体に不調をきたすこともあるのです。

＊

「メンテナンスドッグマッサージ」は犬の骨格や筋肉の基礎的な解剖学に基づいたもので、ふつうのコリなら10秒程度で筋肉をやわらかくほぐして体調を整えることができます。また、東洋医学の〝ツボ〟の考え方に沿った指圧マッサージを併用すると、健康維持への効果が期待できます。マッサージをすると全身に血液が巡り、体温が上がって免疫力アップやエアコンによる冷え性の予防にも効果的。愛犬の体にふれることで異変に気付きやすくなるというメリットもあります。ここでは初心者でもチャレンジしやすいよう、入門編として愛犬を癒やすためのテクニックをいくつかご紹介します。まずは体をなでながら、マッサージに慣れさせることから始めましょう。

マッサージを行う前に

- 指輪や時計を外し、犬も人も爪を切る
- 犬の体を無理に動かさない
- 持病のある犬や妊娠中の犬には行わない
- 力加減には注意し、最初は弱めに
- 飼い主さん自身もリラックスする

可動域を確認

まずは犬の体がどれだけ
硬くなっているかを
チェックします。

首

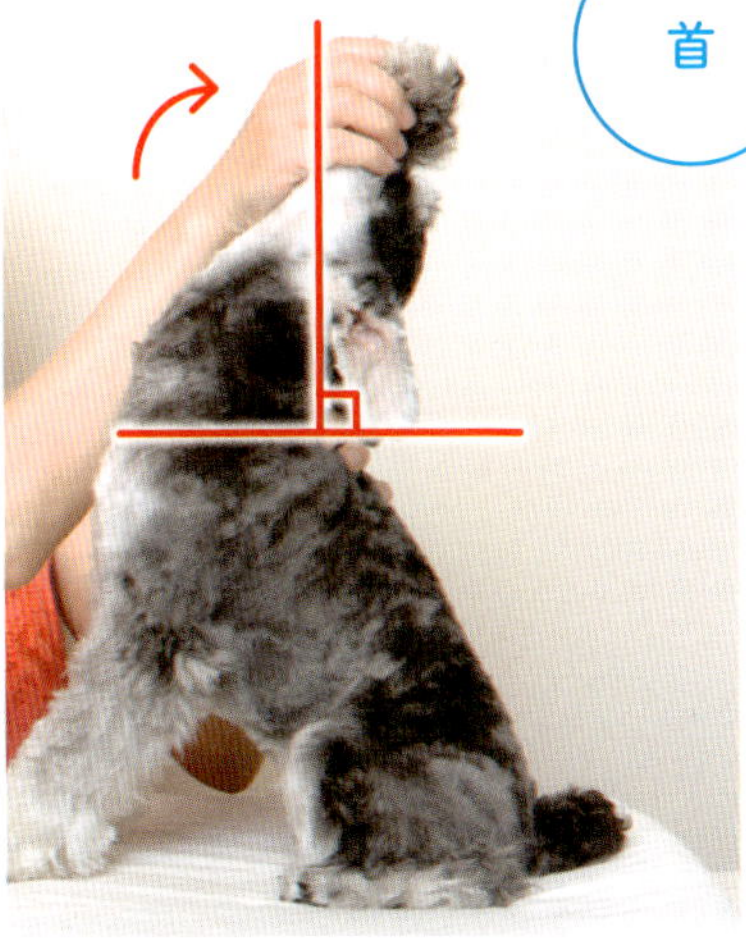

口を閉じさせたまま、首を上に反らします。直角以上に反らせない場合は、体が硬い可能性大。

後ろ足

ひざをまっすぐ伸ばします。そのまま後ろへ反らすことができたら、体がやわらかい証拠。

前足

寝かせた状態で、前足を伸ばしながら頭のほうへ持ち上げます。あごの下あたりまで動けばOK。

力加減を知る

犬の体はデリケートなので、人の肩をもむ感覚でグリグリ力を入れるのは禁物です。力の目安は200～250g程度。食品用のスケールを指で押して、力加減を確認してみましょう。それほど力を加えなくてもよいことが実感できます。

ストローク

手のひらを犬の体から
離さずになでて、
全身を軽くほぐします。

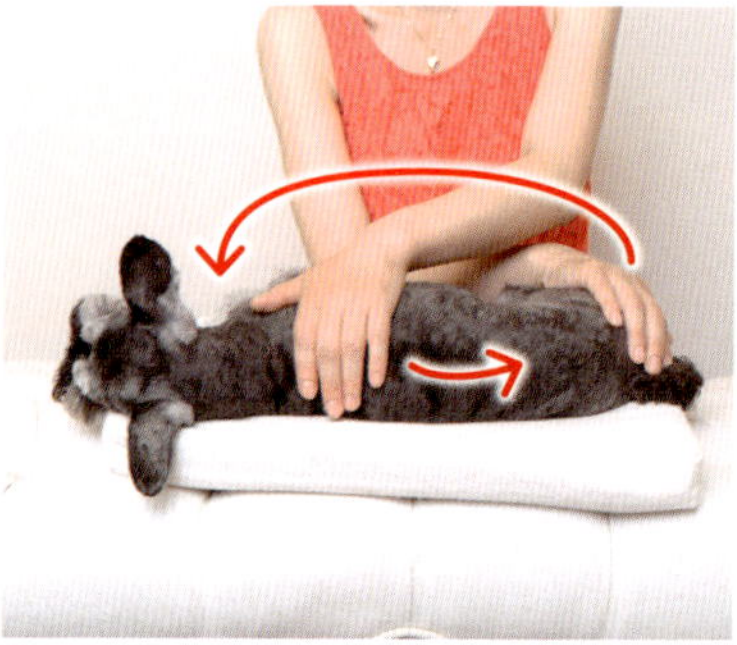

1 犬の後頭部からお尻に向かってやさしくさすって、体をさわられることに慣れさせます。手をクロスさせながら両手で交互にさわり、8～10回ほど繰り返しましょう。

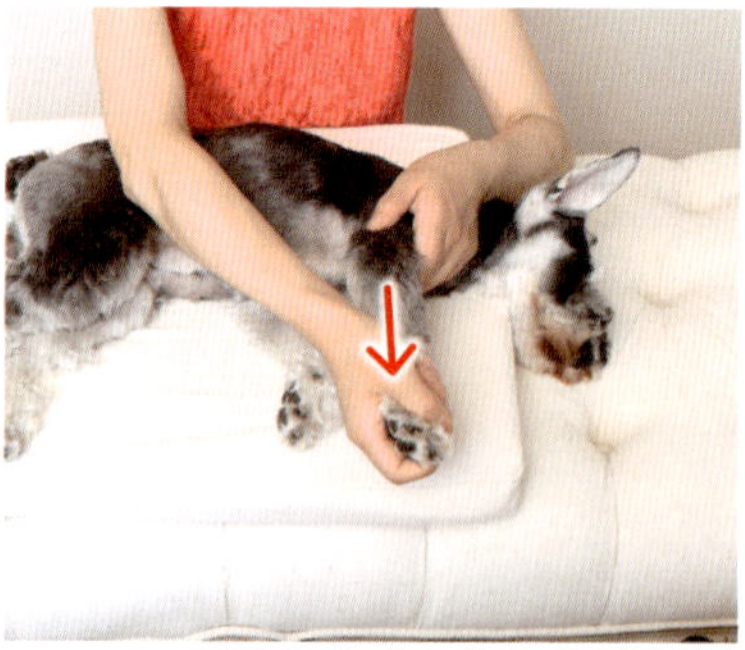

2 足の付け根からつま先に向かってさすります。体内の「気」を外に流すイメージで、前足から始めてください。

3 後ろ足も同様にさすります。手のひらを犬の体に密着させ、やさしくさすりましょう。

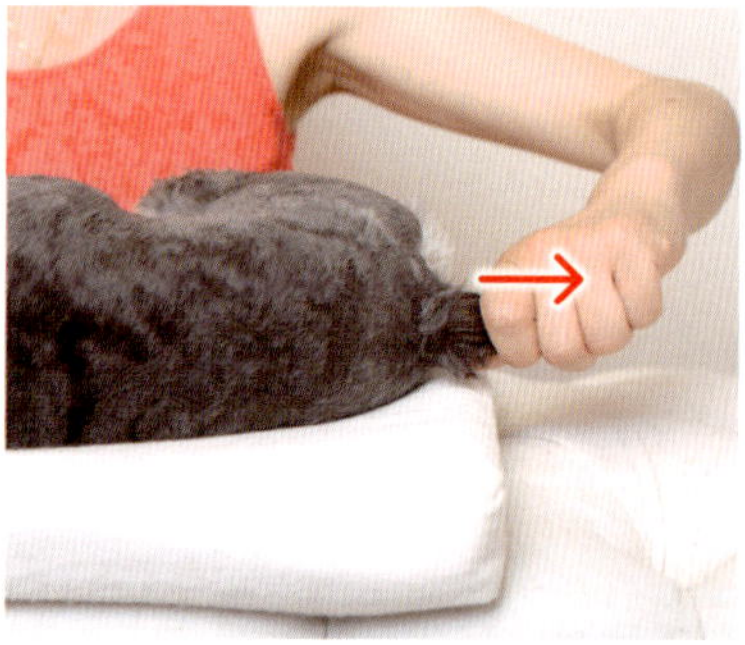

4 しっぽを片手で包み、根元から先端に向かって軽く引っ張ります。

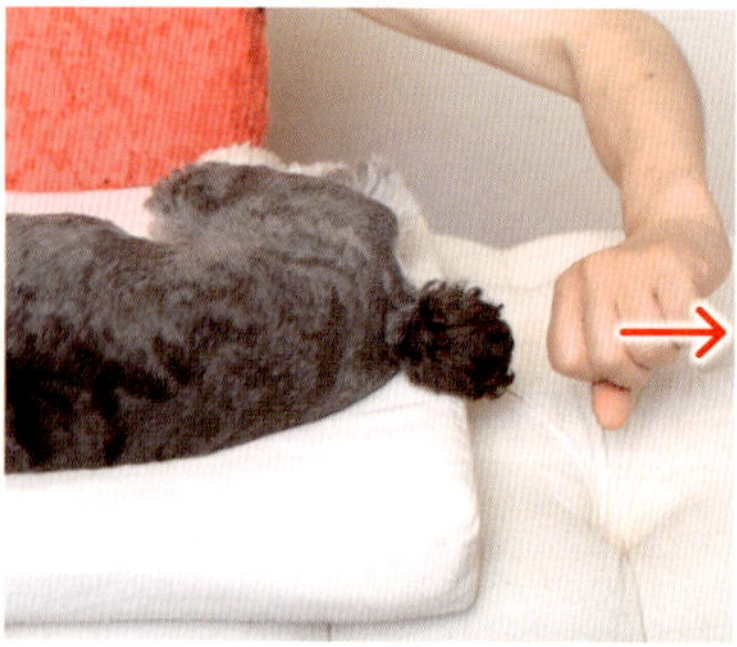

5 実際より長いしっぽをイメージして、先端より先まで手を運びましょう。

筋膜リリース

「筋膜」をストレッチで
正常な状態に戻し、
体をやわらかくします。

memo

筋膜とは、筋肉や臓器、血管などを包んで正しい場所に位置するように支えている膜のこと。筋膜をやさしくストレッチし、筋肉のゆがみを元に戻すテクニックを「筋膜リリース」と言います。

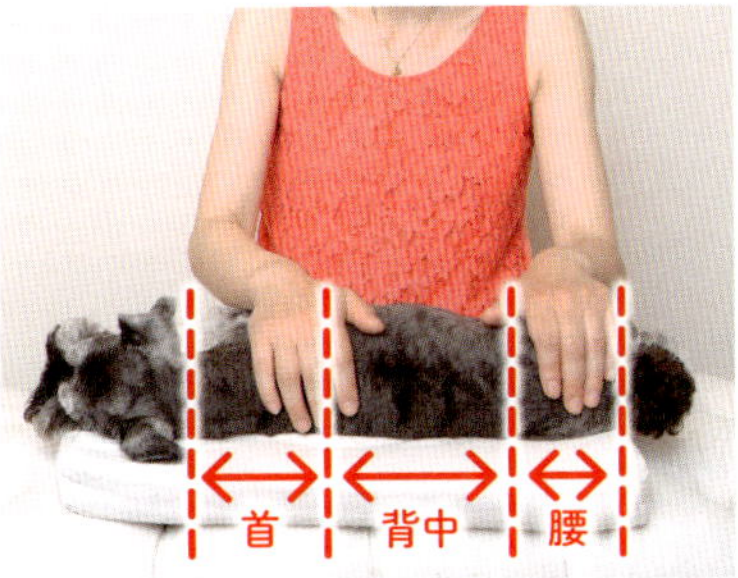

1 まず、体を首・背中・腰の３つのパーツに分けてイメージします。

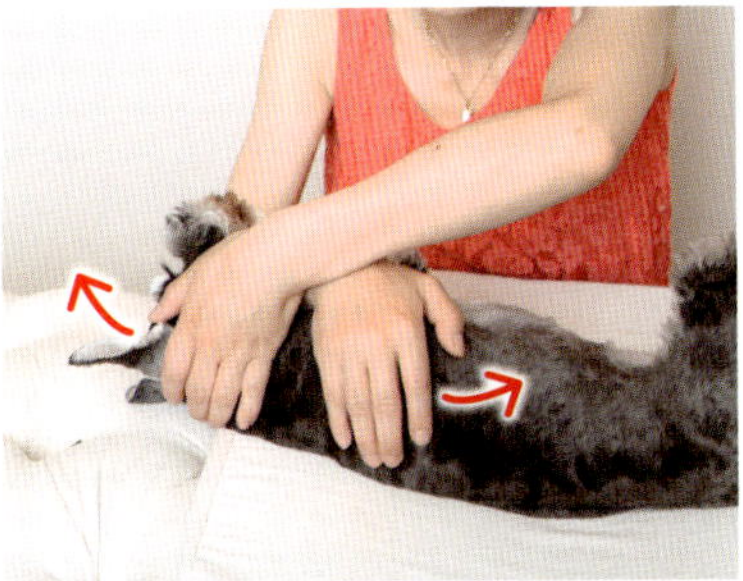

2 両手をクロスさせ、首の付け根と肩甲骨にそれぞれの手を置き、皮膚を軽くつかんで伸ばすように頭と足のほうへ引っ張ります。同様に、肩甲骨と肋骨の終わりに手を置いて背中を伸ばします。

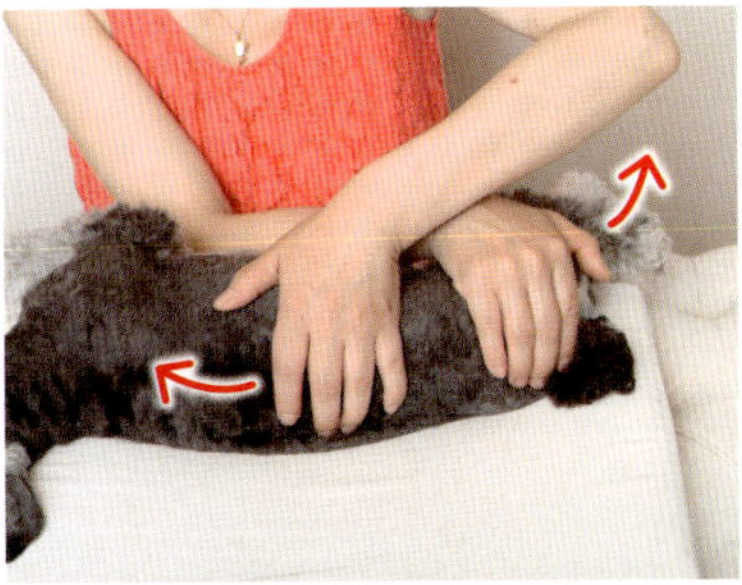

3 ②と同様に、肋骨の終わりとしっぽの付け根に手を置いて外側に伸ばします。３回ほど繰り返したら、最後は後頭部からお尻に向かって全身をストロークします。

皮膚をやわらかく

体のコリがほぐれて筋肉がやわらかくなると、力を入れずに皮膚を引っ張ることができます。この状態を目指してマッサージしましょう。

首・肩のマッサージ

慣れてきたら、
パーツごとのケアに挑戦！

首

1 首の付け根（後頭部の骨のきわ）に親指以外の４本の指を置き、上下に細かく動かしながら頸椎の左右を片側ずつほぐします。筋肉を骨からはがすイメージで、３回ほど繰り返します。

肩

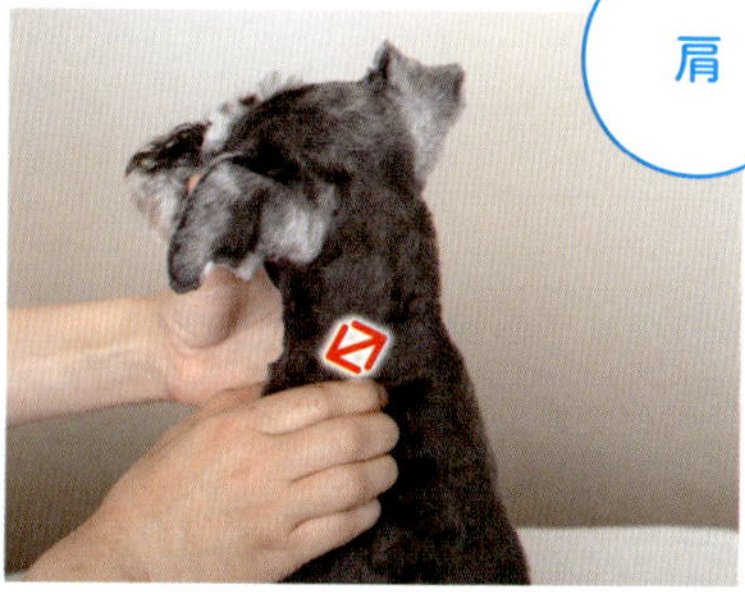

2 肩甲骨と背骨のあいだで４本指を左右に動かします。背骨から肩に向かって、片側ずつほぐします。

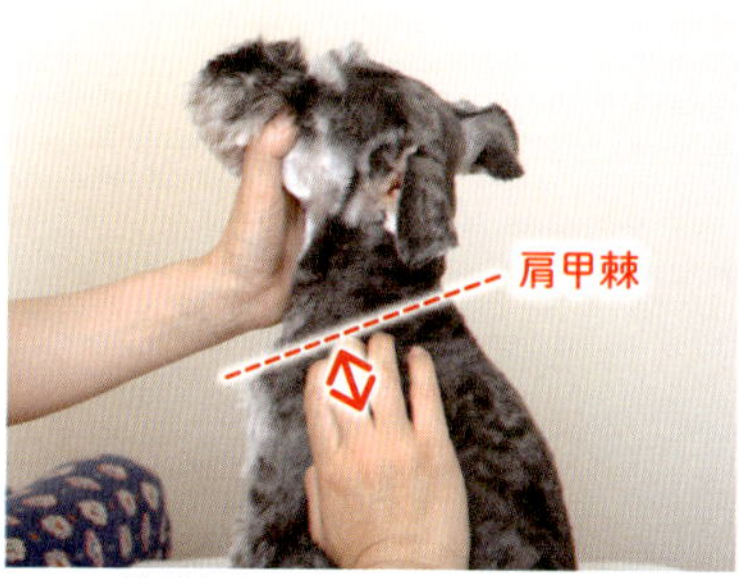

3 肩甲棘《けんこうきょく》（肩甲骨の一部）は、首や前足を動かす筋肉が付いた部位。赤い点線に沿って片側ずつ上下にほぐしてください。

ヘアピンの使い方

細かくて指が入りにくい場所は、ヘアピンの曲がったところを当ててマッサージすると効果的。ツボ押しにも使えるので便利です。

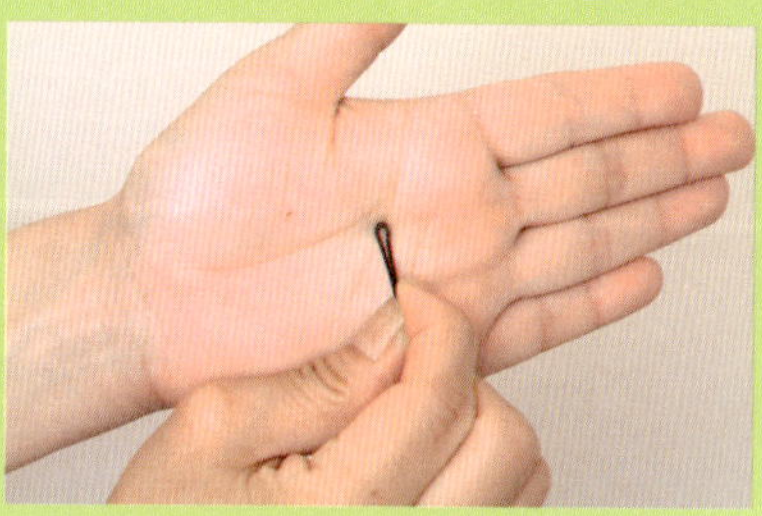

背中・腰・足のマッサージ

体じゅうをていねいにほぐしていきます。

腰

背骨のきわに4本指をそろえ、小さな円を描くようにしながらお尻から頭に向かってほぐします。両手でも片手でもOK。

後ろ足

1 肋骨のあいだに指を当て、背骨からおなかに向かってさすります。5本指で被毛をとかすようにさするのがポイント。

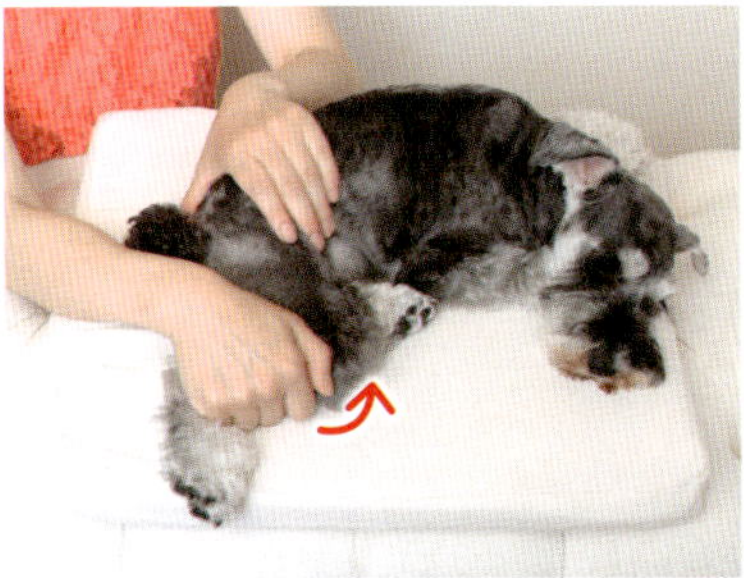

2 腰に片手を当てて押さえ、もう一方の手でひざの下を持って後ろ足を折りたたみ、小さく上下に揺らします。目安は3回程度。

つま先

1 手でつま先を包み込み、小刻みに動かします。

2 指のあいだは水かきを開くイメージで、外側に向かって軽く引っ張りましょう。

※パーツ別のケアが終わったら、仕上げとして全身→足をストローク(P106)します。

尿トラブルに

気になる尿トラブルの予防に
効果的なツボを刺激します。

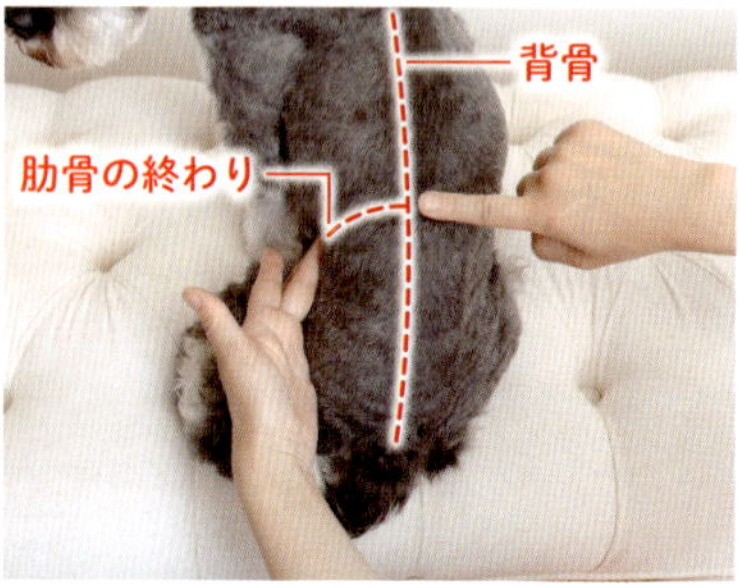

1　「腎兪《じんゆ》」は腎機能に作用するツボ。まず、肋骨の終わりから背骨に向けて指を滑らせ、交わるポイントを確かめます。

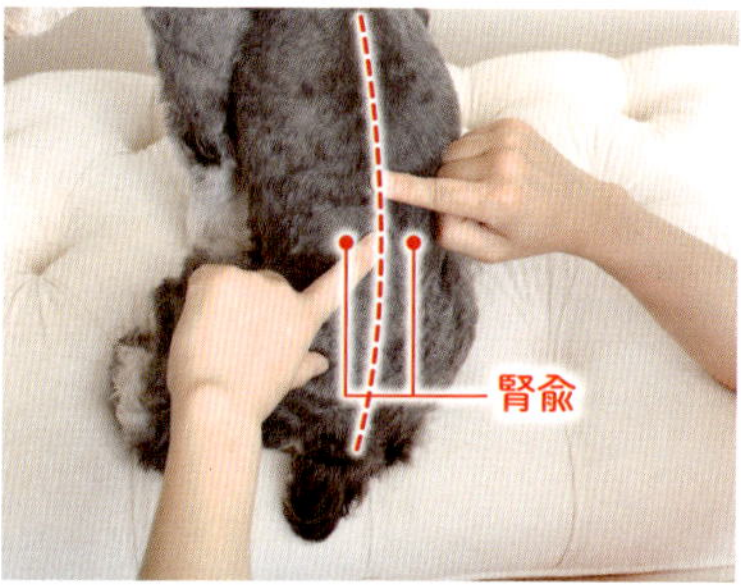

2　①のポイントから、指2本ぶんお尻のほうへ下がったところの両脇にあるのが腎兪です。

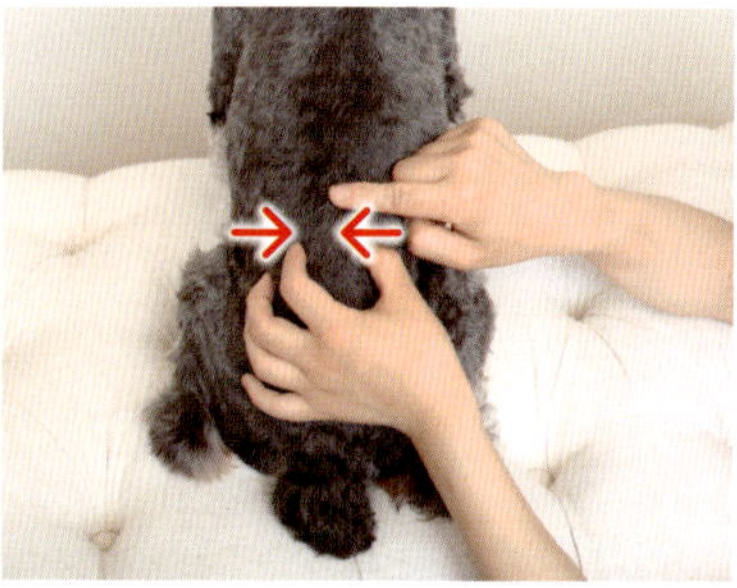

3　親指と人差し指で腎兪をつまむように押さえ、力を入れすぎないように背骨に向かって6～10回押します。3秒かけて押したらそのまま3秒キープし、また3秒かけて力を抜きます。

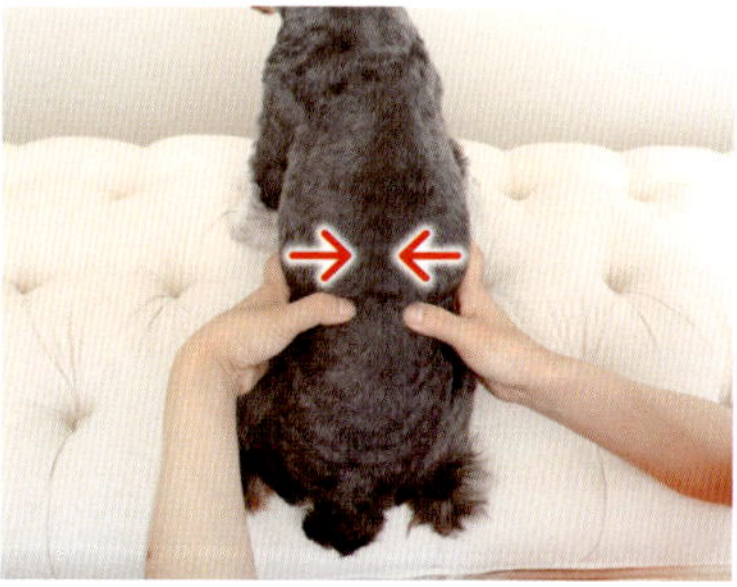

4　片手のみで指圧するのが難しいようなら、両手を使ってかまいません。

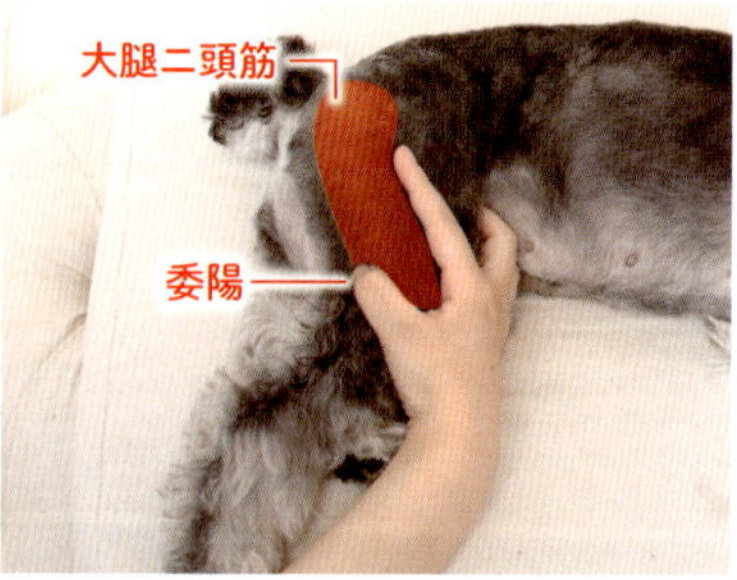

5　「委陽《いよう》」は結石に効果的なツボで、太ももの外側にある大腿二頭筋の後ろ側のへりにあります。親指で6～10回指圧。

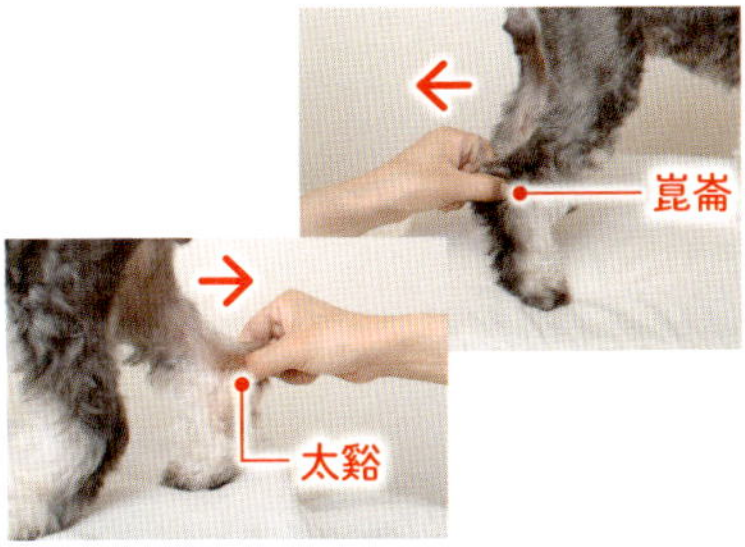

1 くるぶしから小指１本ぶん下の内側に「太谿《たいけい》」、外側に「崑崙《こんろん》」というツボがあります。親指と人差し指で軽くつまみながらかかとのほうへ引っ張りましょう。

腰痛に

ツボを押すことで腰痛の改善が期待できます。

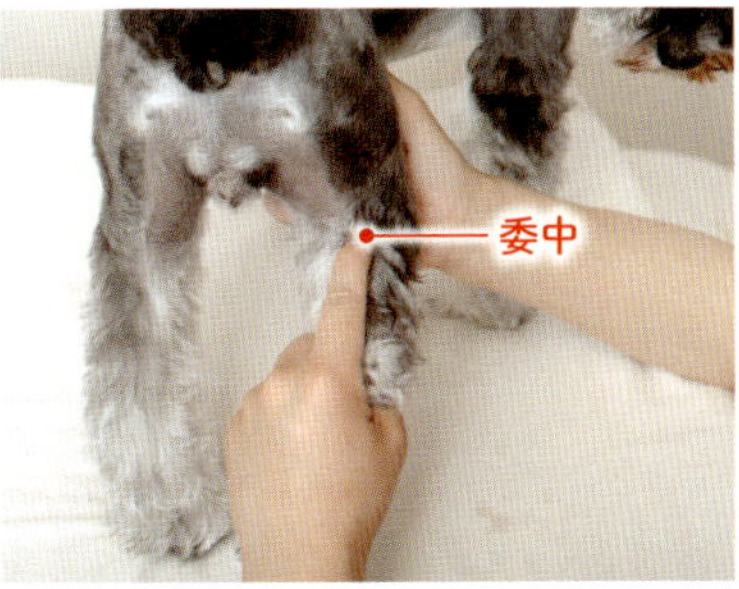

2 腰痛やひざの痛みに効果的なツボ「委中《いちゅう》」を確認。膝の裏側のくぼみにあるのが委中です。

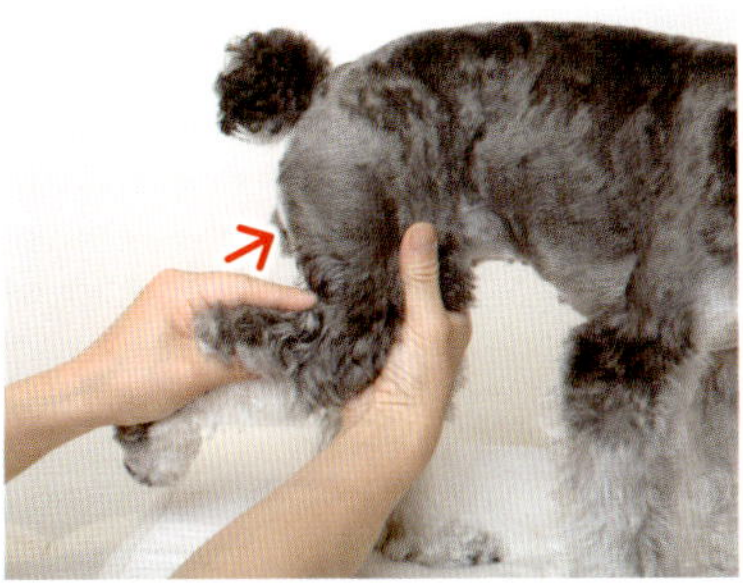

3 ひざを折り曲げながら、ふくらはぎのほうへ6～10回押します。

分離不安・てんかんに

精神的なストレスに対しても効果を発揮します。

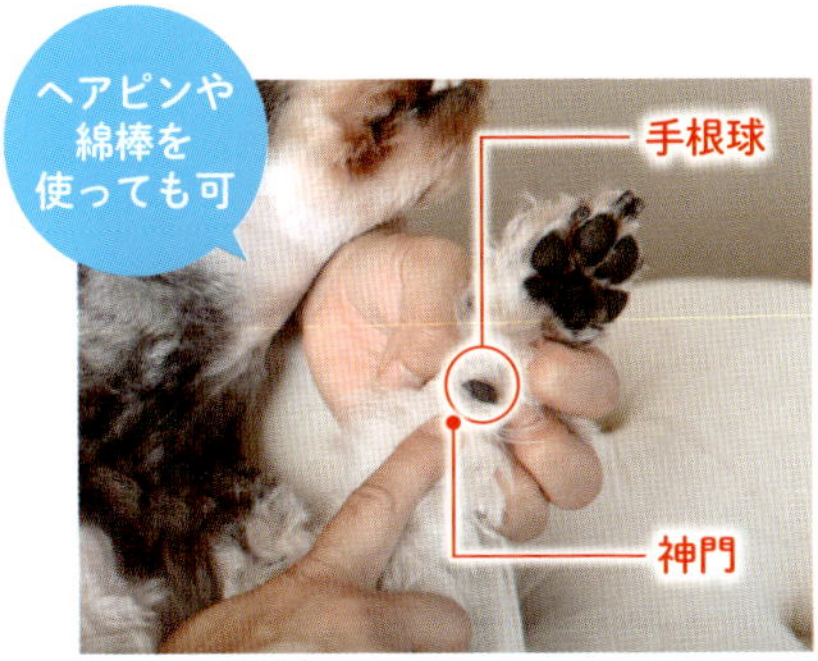

1 「神門《しんもん》」は前足の手根球の下に伸びる、２本の筋のあいだの親指側にあります。リラックスに効果的なツボで、留守番が苦手な犬におすすめ。6～10回押します。

カット・スタイル10選

ベーシックでかわいい、とっておきの10スタイルを集めました。
サロンでのオーダーの参考にしてください。

プラッキングでシュナらしいコートを作りつつ、ラインに丸みを持たせて女の子らしさをプラス。かっこよさとかわいらしさをミックスしたスタイルです。

ボディには
プラッキングを施して、
色が濃く硬い毛を
そろえます。足の毛は
ふんわりとカット

ラフに伸ばした耳の毛がエアリー感を演出。
ボディや足先はすっきり短めでお手入れしやすく、手軽にかわいらしさをキープできます。

ブーツカット風に作った足は、下の毛が地面に着かないようにカットしているので汚れにくい！

Style 2

シュナらしさを追求したスタンダードなスタイル。
プラッキングで、シュナの魅力であるバリッとした硬いコートを作っています。

ボディは
1週間に1回
プラッキングして、
色が濃くつやのある
毛をキープ

Style 3

豊富な毛を生かした耳がとってもキュート。
口ひげや足も丸みのあるラインにして、女の子らしさをアピールしています。

ボディは
バリカンで短く刈って
すっきりと。
足はふんわり
裾広がりに

Style 4

すっきりとした動きやすさと、ふわっとやさしい雰囲気を両立したスタイルです。
耳の“なみなみウエーブ”がアクセント。

ボディは
バリカンで短く刈り、
足を細めに
しているので
お手入れが簡単

Style 5

モコモコボディと丸い耳が、まるでこぐまのぬいぐるみのよう。
子犬のようなかわいらしさを押し出した、愛されスタイルです。

ぬいぐるみを
イメージして、
ボディと足は
ふわふわに。
しっぽも丸くして
さらにかわいく

Style 6

全身をふんわりと仕上げた愛らしいスタイル。
やわらかさを強調した丸みのあるラインは、思わず抱きしめたくなります。

足はまっすぐに、
丸みを付けながら
カット。ボディは
生活しやすさを
意識して
やや短めに

Style 7

スタイリッシュな雰囲気ながら、パッチリまつ毛やブーツカット風の足先がかわいい。
かわいさもかっこよさも味わえるスタイルです。

足の毛は
少し長めにカット。
足先は
ブーツカット風に

Style 8

とびきりゴージャスなファーを巻いたような首周りの毛とお尻のハートがキュート。
インパクト大のスタイルです。

首周りの
“ファー”部分は、
段を入れて
ふんわり
毛が立つように
しています

Style 9

あえて狙ったアシンメトリーがクールなスタイル。
顔やボディ、足の毛を短めにすることで頭や耳のボリュームを引き立てます。

ボディは
バリカンで
短めに刈ります。
足はボディより
ボリュームアップ

Style 10

シュナのトリミングとは

シュナウザーを得意（専門）とするトリマーは、意外と多いもの。
シュナのトリミングや特徴などを聞きました。

シュナのトリミングが好きな理由

プラッキングをして本格的にコートを作るとすると、シュナはかなり手がかかる犬種。でも逆に、トリマーとしてはそれが楽しいんです。手をかければかけただけ、仕上がりにきちんと現れる。作業自体はひたすら毛を抜くなど割と地味なんですが、そのぶんトリマーの力量やセンスがひと目ではっきりわかるのがおもしろいところだと思います。（T）

トリマーになる少し前から、シュナを飼い始めたんです。プラッキングしたバリッとしたコートが、かっこよくてすごく好きでした。ところがある日、サロンに預けたらなぜかバリカンをかけられていて……。それで頭にきて、「じゃあもう、自分でやってやろう！」と思ったんです（笑）。その犬を迎えたブリーダーに相談して、プラッキングやレーキングなどを教えてもらったのがそもそものきっかけですね。（A）

トリミングに関して言うなら、プラッキングやハサミでのカット、バリカンなどいろいろな技法でカットできるのが魅力。専門学校時代にシュナのトリミングを経験したときに、シンプルな作業でかっこよく仕上げられることに驚いたことが、もっと勉強したいと思ったきっかけです。（M）

浅野順平（A）

アメリカでシュナウザーのトリミングを学んだ後、千葉県浦安市と東京都月島に「TeRRIeRge（テリアージュ）」をオープン。

浦村ゆかり（U）

ペットショップ「JOKER」に９年間勤務したのち独立。現在は東京都世田谷区にて「Radiant」のオーナートリマーを務める。

シュナ・トリミングで気を付けること

自分としては、シュナのキリッとしたかっこよさが好き。だから、どんなにかわいらしいスタイルに仕上げても、必ずどこかにシュナらしい「かっこよさ」を残すようにしています。(T)

シュナらしさを大切にしたいので、どんなカットのときもスタンダード（犬種の本来あるべき姿）を意識して作っています。シュナはとくにさまざまなカット・スタイルを楽しめる犬種なので、その犬の良さを引き出す技法やスタイルをチョイスするように心がけています。また、口ひげと眉のブローのしかたで顔の印象がかなり変わるので、ブロー（乾かし）にはかなり気を使って作業しています。(M)

シュナは、本当にいろいろなスタイルが楽しめる犬種です。だからこそお店でシュナをお預かりするときには、「お客さまが何を求めているのか」をとことん聞くようにしています。当店ではスタンダードなスタイルを希望する人が多いので、ショードッグにもひけをとらないような仕上がりになるよう心がけています。(A)

ボディは、バリカンをかけるラインによって骨格や体型が違って見えてきます。なるべくその犬の骨格の欠点をカバーしつつ、長所をさらに伸ばせるようなライン作りを心がけています。シュナは渋い毛色やかっこいいイメージのためか、「女の子なのに男の子に見られちゃう！」というご相談を受けることも多々あるんですよね。ですから、シュナのかっこよさは生かしつつも、女の子はより女の子らしく見えるようにカットしています。(U)

回答

丹下健一（T）
㈱プランテージ代表。ペットショップ「JOKER」を経て独立、現在は「BUBBLES DOG 川口」（埼玉県川口市）でオーナーを務める。

森下祐樹＆CHIE（M）
「DOG PROSHOP SILVER FANG」（東京都日野市）のオーナートリマー夫妻。シュナのブリーディングも行う。

他犬種との違い

やはり「眉」ですね。アレンジ次第で印象がかなり変わりますから。その子の毛質を考えながらカットしなければならないし、トリマーの個性が出やすい部分でもあります。ほかの犬種にはない、まさにシュナならではの特徴だと思います。(T)

毛がいろいろな向きに生えているプードルと違って、シュナの毛の流れはほぼ一定方向です。このためにプードルよりはアレンジのバリエーションがちょっと少なくなりがち。でも、かっこいい系のスタイリッシュなカットは、どんな犬種よりシュナがいちばんよく似合いますよね。(U)

トリミングに関しては、自分の作り方ひとつでスタイルも雰囲気もがらりと変えられるところです。本来のシャープさはもちろん、プードルのような丸さやかわいらしさも出せますし、オールマイティーな犬種だと思います。(A)

飼い主さんへのアドバイス

シュナは毎日のケアとお手入れが重要な犬種。「お手入れしなきゃ！」と変に肩ひじ張るのではなく、毎日のスキンシップやコミュニケーションの一環としてお手入れしてあげてほしいと思います。飼い主さんとたくさんコミュニケーションを取っている子は、慣れない環境への対応力が高いような気がしますし、トリミングに来ても落ち着いてカットさせてくれるものです。(M)

毛玉ができやすいので、ぜひ家でもこまめにケアしてあげてください。心に留めておいてほしいのは、「毛がきれいな状態のときこそ毛玉をほどくチャンス」だということ。シャンプー後などがまさにおすすめなので、自宅でシャンプーする人は、乾かしながら毛玉がないかチェックしてみてくださいね。(A)

Part6

シニア期のケア

犬の長寿化にともない、今や10歳以上の
シュナも珍しくありません。
シニア犬のケアや介護についての情報や知識が
必要になってきています

シニアにさしかかったら

**7歳を過ぎるころから、少しずつシュナの体に変化が現れます。
体調をよく観察してあげましょう。**

3つのシニア期

シニア期は長いので、分けて考えたほうがよいでしょう。

犬の場合、だいたい「7歳」がシニアの分かれ目のようにいわれることが多いようです。しかしひと口に「シニア」と言っても、一般的には7歳から15歳以上までという幅広い年代を指しています。これは、人間に言い換えれば「40歳以上」というくらい広い範囲を指す言葉。40歳と60歳、80歳ではまったく状況は違いますよね？ 犬も同様で、15歳という高齢になっても元気に野山を駆け回るシュナもいれば、まだまだ若いと思われる7歳でこたつに丸まっている犬もいます。

「シニア（senior）」という英語のもともとの意味は「年長者・先輩・上級者」などで、特定の年齢層やお年寄りを意味しているわけではありません。ですから「シニア」を年齢だけで判断するわけにはいかないのです。

そこで「シニア」を3つの時期に分けて考えることをおすすめします。まずは老化現象が出始める「シニア準備期」、次に誰が見ても高齢であるとわかる「シニア期」、そして身体機能が著しく低下した「シニア後期」です。ここではシニアをこのように分けて考えていきましょう。

まずは、左ページの「シニア度判定表」で愛犬の状態をチェックしてみてください。より進んだ時期の項目にチェックが入ったところが、現在のあなたのシュナのシニア度を表しています。

シニア後期になると、寝ている時間が長くなります。

シニア度判定表

年齢の目安	症状
❶シニア準備期 （7〜9歳）	□黒目の部分が白っぽくなった □白髪がはっきりわかるようになった □散歩の後半になると、動きが鈍くなる □今まで飛び越えていた段差を飛び越えられなくなった □階段の上り下りをためらうようになった □歯石が付いて口臭がするようになった
❷シニア期 （10〜12歳）	□全身の毛づやが悪くなった □頑固になって、飼い主さんの言うことを聞かなくなった □腰や太ももの筋肉が落ちて細くなった □食べるのが遅くなった □つまずくことが多くなった □立ち上がったりするときの動きが遅くなった □遊びたがらなくなって、物に対して無関心になった
❸シニア後期 （13歳〜）	□物にぶつかることが多くなった □飼い主さんが呼んでも知らん顔をしている □便や尿をお漏らしするようになった □顔のハリがなくなって穏やかな表情になった □うまく歩けなくなった □大きな音に反応しなくなった □長時間寝ているようになった □夜中に鳴き続けるようになった □よく食べるのに太らなくなった

体と行動の変化

年齢を重ねると、さまざまな変化が起こります。

①シニア準備期

まだまだ動作も活発で、年齢を感じさせない時期です。それゆえに、毎日一緒に生活している飼い主さんはその変化に気付きにくいかもしれません。

何かの機会に友人に尋ねてみたり、動物病院で白内障のチェックや心臓の検診を受けておくとよいと思います。この時期の変化は、他人でなければわかりにくいものです。

➡シュナには白内障が多く見られるので、黒目の真ん中が白っぽくなっていないかどうか注意深く観察してください。

②シニア期

「それまで一気に駆け上がっていた階段でためらうようになった」、「散歩中に転んだ」、「咳が増えた」といったことから、「うちの子は年を取ったんじゃないか」と気付くようになる時期です。

このころになると、単なる老化現象ではなく本当の病気だったという場合もありますから、少なくとも半年に一回、できれば季節ごとに年4回の健康診断を受けましょう。と言うのも、成犬になってからのシュナの1年は、人間の4年に相当するからです。

➡この時期のシュナには膀胱結石が見られることが多いので、オシッコの出方や色などに注意してください。また、心不全の症状が出やすくなります。胸に手を当てて動悸がないか調べたり、日常の息づかいをチェックしておきましょう。

③シニア後期

動作が鈍くなり、1日の大半をベッドで寝て過ごすようになるでしょう。いつもおとなしいので老化現象と病気の症状との区別が難しくなります。たとえば、シュナに多い甲状腺機能低下症の症状は、「よく寝る」、「無関心」など、そのほとんどが老化現象と重なっています。

➡愛犬のささいな変化にも注意して、こまめに動物病院を受診しましょう。

快適に過ごすために

それぞれの段階に合わせた対応をまとめました。

①シニア準備期

老化が始まったとしても、あまり甘やかしすぎないことが重要な時期です。食べることが大好きなシュナは、運動不足になるとすぐに肥満になってしまいます。運動量が落ちないように生活のなかに遊びを上手に取り入れて、肥満にならないようにしてください。

②シニア期

老化現象を見きわめる時期です。老化現象は一度にすべての臓器に起こるのではなく、筋肉や関節、目や耳、消化器や呼吸器などそれぞれの臓器が別々に老化していきます。どのような場所にどのような老化現象が現れているかによって、ケアの方法を考えていきましょう。

この時期、とくに大切なのは食事です。しかし、頑固なシュナの食事をいきなり変えることは大変なので、少しずつ時間をかけて変えていきましょう。また、シュナは人との親しいつながりをとても大切にする犬なので、こまめな声かけやスキンシップを心がけてください。

③シニア後期

細かいケアが必要な、いたわりの時期です。歩く、食べるといった基本的なことにも人間の手助けが必要になるでしょう。細かな体調管理が必要になりますから、獣医師や動物看護師など専門家のアドバイスを受けてください。

現在は薬だけでなく、さまざまなシニア用のケア用品があります。また高齢動物の扱いに慣れたスタッフもいますから、飼い主さんだけで抱え込まないで早めに動物病院に相談しましょう。

気を付けたい病気

シニアになると、かかりやすい病気も増えてきます。

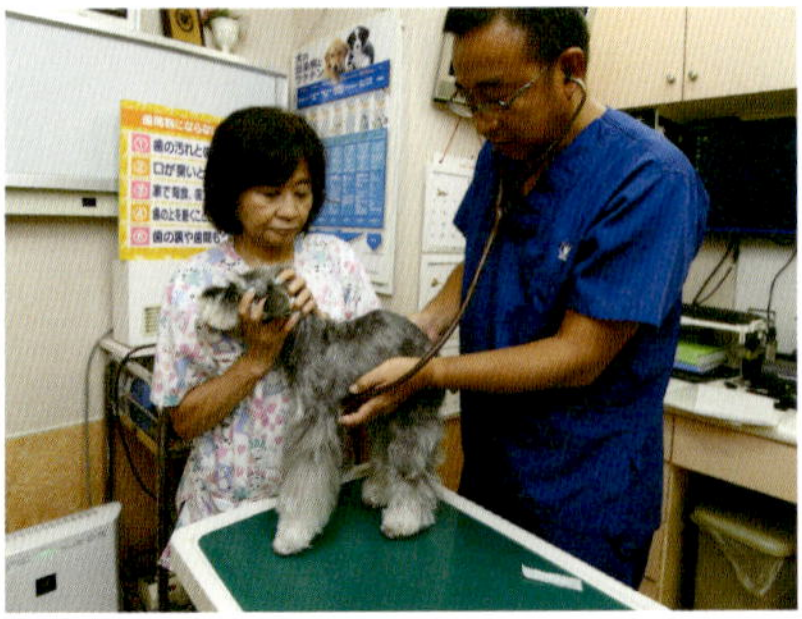

少しでも心配なことがあれば、動物病院を受診しましょう。

変性性関節疾患

運動を好むシュナは、関節を痛めやすい犬種。歩行中に急に足を上げる、起きぬけの動きが鈍くじっとしている、体をさわると痛がるなどの症状が見られることも。鎮痛剤やレーザーを使って痛みを取り、適度な運動やサプリメントなどで病気の進行を遅らせる対処が必要です。

白内障

糖尿病や遺伝的な障害などによって起こるケースもありますが、加齢による変化がほとんどです。初期は目薬で進行を遅らせますが、手術で改善できる場合もあります。発症したら家具の配置をできるだけ変えない、柵を置く、食器や水のボウルを固定するなどの工夫を。

尿路結石症

腎臓や尿管、膀胱などに結石ができる病気。尿管や尿道に結石が引っかかると血尿が見られ、元気・食欲がなくなります。命の危険もあるので注意。食事療法で結石が溶ける場合もありますが、手術で取りのぞく場合が多いようです。日ごろから尿の色や量を観察して早期発見を。

甲状腺機能低下症

急におとなしくなる、食事量が変わらないのに太る、首の周りや尾の付け根などにかゆみのない脱毛ができる、皮膚が黒く色素沈着を起こすなどの症状が見られる病気です。血液検査で診断し、薬で改善しますが完全に回復することは少なく、一生投薬することもあります。

シニアになると、食事の好みに変化が現れることもあります。

シニア犬の栄養と食事

シニア犬に必要な栄養について学びましょう。

若いころにできること

若いころから、ライフステージやライフスタイルに適したフードを選択し、適切に与えましょう。とくに成長期は生涯の健康を左右する大切な時期ですが、成長期後半は成長に伴う栄養要求が変化するので、食べムラが生じやすいのです。それを避けるには、生後4~5か月ごろと生後7~8か月ごろに給与量を見直し、安定した食欲があり体重が増加していることを確認しましょう。また生後6か月ごろまでは、(可能な限り)食事回数を1日3~4回に分けると、消化吸収も速やかに行われます。

食事や与え方が不適切な場合、食欲不振、嘔吐、軟便、下痢などを起こします。このような状態を長引かせず健康な成犬に育てることが、生涯を支える体づくりのポイント。成犬になってからは、高品質、高消化性の食事による適正体重の管理と適度で定期的な運動、十分な水分摂取といった基本を守りましょう。

食べ方の変化

加齢によって体のいろいろな機能とともに嗅覚や味覚が低下すると、今まで好きだった食べものが認識できない、食べにくくなるなどの変化が見られます。また、筋力の減少は食べたものの消化や吸収にも影響するため、便秘や下痢をしやすくなるなどの変化が見られます。さらに、心臓病、腎臓病や代謝性疾患にかかると必要なエネルギーや栄養バランスが変わるため、今まで同じ食事が「食べられない」ことがあります。

つまり、シニア期は好き嫌いやわがままで「食べない」のではなく、体の変化により「食べられない」ことがあるのです。飼い主さんはその変化を見逃さずに、健康状態に対応した食事を選び、与え方を工夫することも必要になります。

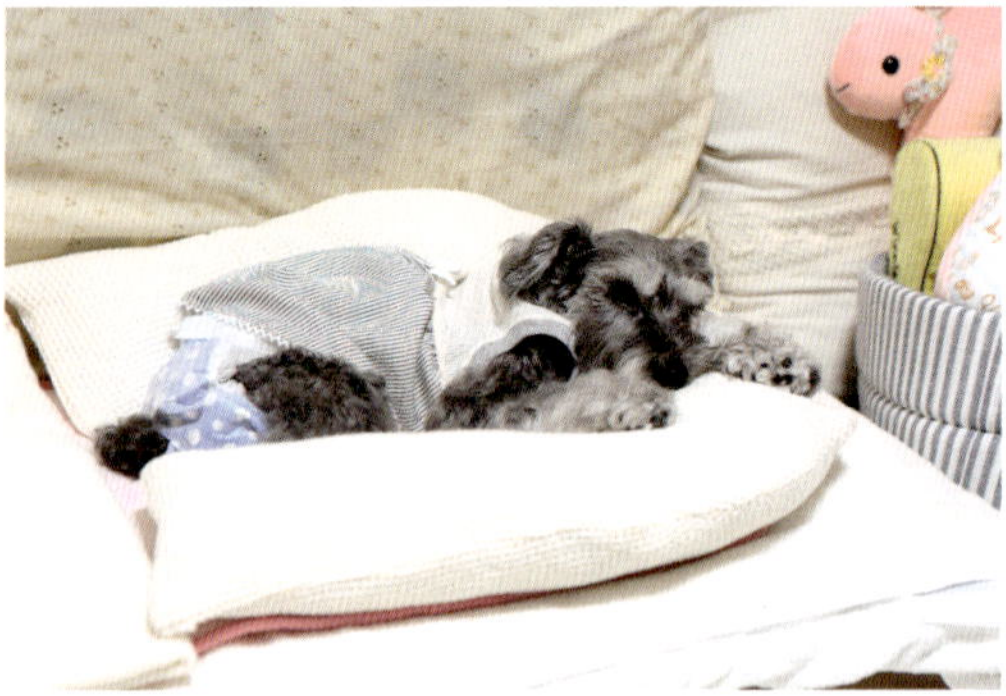

寝ていることが増えるので、必要なエネルギー量も低下します。

シニアシュナならではの注意点

シュナウザーは脂質代謝異常や尿石症などを起こしやすい犬種です。そのため、食事では高脂肪や高たんぱくの食べ物を避けたほうがよいでしょう（P76参照）。

高脂肪食は嗜好性が高く、犬がよく食べます。愛犬の好みだけに合わせると気付かぬうちに脂肪分の高い食事を与えていることがあるので要注意。フードを購入する前に、ラベルの保証分析値で脂肪の含有量を確認してください（成犬用ドッグフードの脂肪含有量が12％前後を目安に選択）。脂肪の酸化を防ぐにはビタミンEが有効なので、ゆでたかぼちゃに少量のオリーブ油を混ぜたものなど、ビタミンEを多く含む食事がおすすめです。

また尿石症を予防するには、高たんぱくの食生活を避けると同時に、十分な水分補給や体重管理（肥満が関係しているため）にはくれぐれも気を付けましょう。

シニアシュナの食事

最も気を付けたいのは、適正な体重管理と水分補給です。シニア期は睡眠時間が増える、散歩の時間が減るといった変化にともなって必要なエネルギー量が低下します。そのためシニア期用ペットフードは同じ量あたりで摂取できるエネルギー量を低くして、そのぶん食物繊維を増やして空腹を防ぎ、排便をスムーズにし、体重が増えにくい工夫がされているのです。

しかし、要注意なのがおやつです。ペット用のおやつは少量でも意外と高カロリーで、エネルギー過剰の原因になっていることがあります。おやつに使用される原材料や1個当たりのエネルギー量を把握し、与えすぎに注意しましょう。

一方で、活動量が低下したことで自発的に摂取する水分量が減り、筋肉量の低下から体に蓄えておくことができる水分量も減少します。水分は一度に大量に与えるのではなく、水分の多いウエットフードなどを交えながら、少しずつ何回かに分けて与えるようにしてください。

若さを保つエクササイズ

**シニアになっても元気でいてもらうためには、
筋肉をキープすることが効果的です。**

「動けるシニア」を目指す

**筋力を維持すれば、
快適なシニアライフを
送れます。**

アンチエイジングの基本

シュナウザーはもともと活発な犬種で、筋肉もしっかり付いている犬が多いようです。それでも加齢とともに筋肉が落ち、関節や骨にトラブルが生じます。

飼い主さんなら誰でも「永遠に若く元気なままでいてほしい」と願うものですが、残念ながら時間を止めることはできません。でも、毎日の小さな努力や工夫で、加齢（エイジング）に伴う衰えに対抗することは可能なのです。

筋力低下→寝たきり

筋肉には、体の表面近くにある「アウターマッスル」と、体の深い部分にある「インナーマッスル」の2種類があります。主に体を動かす際に使われるアウターマッスルが衰えると、立つ、歩くといった日常的な動作がしにくくなります。さらにインナーマッスルが弱ってくると、体のバランスを取りにくくなって体にゆがみが生じ、関節や背骨の変形、炎症などを引き起こしやすくなります。

筋肉の老化チェックポイント

- □ 散歩のとき、歩くのを嫌がったりスピードが遅くなったりする
- □ 姿勢を変える（立ち上がるなど）動作がスムーズにできなくなった
- □ 階段（段差）の上り下りをあまりしたがらなくなった
- □ 体を動かす遊びを喜んでしなくなった
- □ 食欲が落ちた
- □ 毛のつやがなくなった
- □ 太ももの筋肉が薄く（小さく）なった

関節や骨の異常には痛みが伴うため、犬は体を動かしたがらなくなってしまいます。その結果、ますます筋力が落ちていき、動けないことで気力も衰え、寝たきりになってしまうという悪循環に陥りやすいのです。

インナーマッスルを鍛える

老化によって起こる負のループから愛犬を救い出すためには、「動けるシニア」になるための体づくりが重要です。そのために心がけたいのが、筋肉、とくにインナーマッスルを弱らせないこと。体の軸となる筋肉がしっかりキープされていれば、姿勢を保つ、立つ、歩くといった動作が妨げられることはないからです。また、体のバランスが保たれるため、ケガの予防にもつながります。

インナーマッスルを鍛えるエクササイズは、「体のバランスを取ろうとする動き」が基本。これから紹介するもの以外でも、体のバランスを立て直す動きが含まれていることは、すべてインナーマッスルのキープに役立ちます。

ただし、相手はシュナ。ちょっぴり頑固で賢く、マイペースな犬種です。「エクササイズさせるなんて無理かも……」という飼い主さんも少なくないことでしょう。

でもこれからご紹介するのは、シュナが無理なくできるものばかり。愛犬の性格や体力、生活スタイルに合ったエクササイズを選び、楽しみながらチャレンジしてみてください。できるものだけでもかまいません。

シュナのための エクササイズのコツ

①無理強いしない

嫌がることを強制すると、断固拒否されます。

②「痛い、怖い、イヤ」は×

不快な思いをさせると、エクササイズそのものを嫌いになってしまいます。

③短時間で終わらせる

長く続けると、飽きたり疲れたり……。シュナが嫌になる前に切り上げます。

④プラスのイメージを与える

ごほうびを上手に使い、「またやってもいいかも」と思わせましょう。

エクササイズしよう

実例をいくつかご紹介。
無理せずチャレンジを。

1 座布団チャレンジ

クッションや座布団の上に足を1～2本（前足でも後ろ足でも）乗せた状態で、立ったまま「マテ」をさせます。不安定なところで姿勢を保つため、インナーマッスルが使われます。

2 モッテコイ・スペシャル

ボールやおもちゃをあちこちに投げ、犬に取ってきてもらいます。ボールなどが飛ぶ距離や方向に合わせて不規則な動きをすることで、インナーマッスルを刺激します。

3 ごほうびを追え！

「マテ」をさせた状態で、犬の目の前でおやつやおもちゃなどを前後左右に動かします。その動きを追って首や体を伸ばしたりひねったりする際に、インナーマッスルを使ってバランスを取ることに。

4 シャル・ウィ・ダンス？

犬の前足を持ち上げ、後ろ足２本で立たせます。体のバランスを取り体重移動を行うことで、インナーマッスルを使います。平気そうなら、ゆっくりと前後に歩いてもOK。

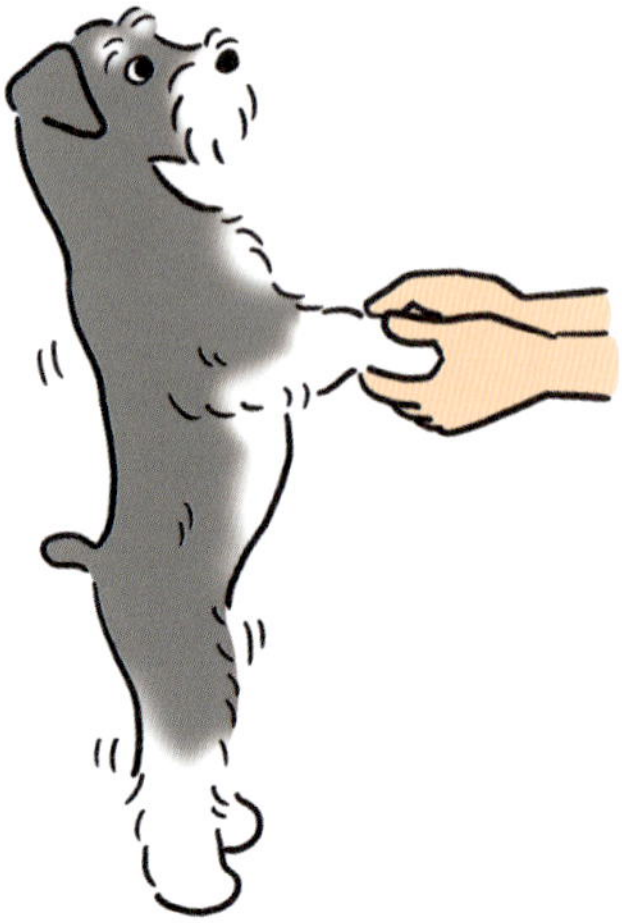

5 お手をどうぞ

犬が立っているとき、足（前足でも後ろ足でも）を１本だけ持ち上げます。体重を支える足が１本減ることで、体のバランスを取りながら体重移動するので、インナーマッスルが鍛えられます。

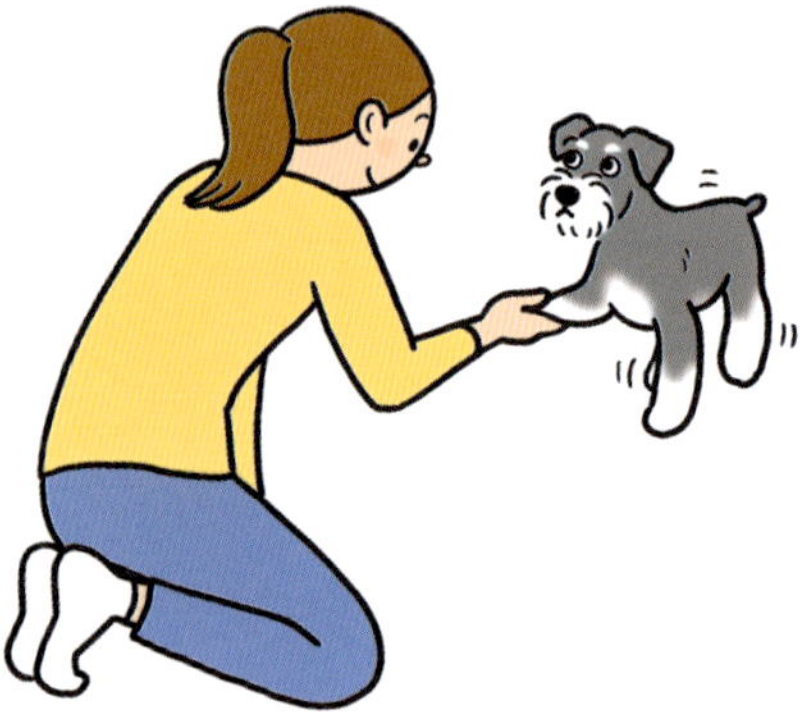

6 動かない手押し車？

愛犬のおなかの下に手を入れ、両方の後ろ足を少し持ち上げます。バランスを取るため、インナーマッスルを使います。平気そうなら、腰を左右に軽く揺らすのもおすすめ。

シュナの筋肉にまつわるQ&A

Q 筋肉が減ると、どんなトラブルが起こる？

A 関節は筋肉によって支えられているため、筋肉が落ちると骨・関節の変形や炎症、バランスが取りにくくなって体にゆがみが生じます。シュナのシニア期ではとくに、骨関節炎（軟骨がすり減って関節がうまく働かなくなり、炎症が起こる病気）や馬尾症候群（腰周りで起こる神経症状の総称）がよく見られます。これらの病気は痛みを伴うため、発症した犬は動くのを嫌がるようになり、ますます筋肉が減ってしまいがちなので注意が必要。病気が重くなるとトレーニングが難しくなるので、初期症状のうちに始めるのが重要です。

Q 筋肉をキープするにはどうすればいいの？

A 座布団の上に立つ、ボールを持ってこさせるといった単純な動きでも、筋肉を刺激することは可能。とくに「体のバランスを取ろうとする動き」はインナーマッスルを鍛えるのに最適です。かかりつけの獣医師に相談したり、遊びや散歩の一環として簡単なエクササイズを取り入れてみてください（P135～参照）。

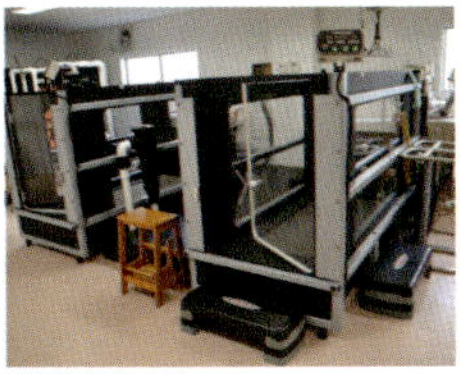

犬用プールなどのリハビリ施設も充実してきています。

Q 飼い主さんにできることは？

A シニアになってから急にトレーニングを始めようとしてもあまり効果が出ず、犬にとって負担になることも。若く健康なころから適度な運動をする習慣をつけておけば、シニア期になっても自然と続けられるはずです。どんな内容のトレーニングをどの程度行うかは、犬ごとに異なります。過度な運動は体への負担やストレスになるのでNG。定期健診を受けるなどして愛犬の健康状態を把握した上で、様子を見ながら試してみてください。愛犬がふだんできていることを嫌がるそぶりを見せたら、何らかの健康トラブルを抱えている可能性があります。念のため動物病院で診てもらいましょう。

シュナとのしあわせな暮らし

+αの楽しみ

知っておきたい

オフ会参加の心得8カ条

飼い主さん同士・犬同士で楽しく交流できるオフ会。
シュナはとくにオフ会が盛んな犬種です。
オフ会初心者さんのために"たしなみ"を伝授します。

心得 その1 事前の情報収集と準備を怠るなかれ

- 水(飲み水、オシッコを流す用)
- タオル(吸水力のあるマイクロファイバータオルがgood!)
- ウンチ袋(脱臭機能付きが便利)
- ペット用の虫よけ、保冷グッズなど(春〜夏)

まずはルールや環境を調べてから参加するオフ会を決めて申し込み、必要と思われるものを準備しましょう。何が必要かはオフ会(規模、会場、時期など)によって変わりますが、最低限左のものは用意しておくのがおすすめです。

心得 その2 入場時はほかの犬にあいさつすべし

ひと通りニオイを嗅ぎ合ってあいさつを済ませると、ほかの犬の輪に入りやすくなります。

ドッグランなどオフ会の会場に入るときは、リードを着けたままが基本。まず入口で寄ってきた犬たちとあいさつをさせましょう。オフ会が初めての犬は飼い主さんに助けを求めることがありますが、ここで抱っこしたり退いてしまうとなじませることが難しくなります。ケンカなどの危険がなさそうなら、助け舟を出すのをぐっと我慢して見守ってあげてください。

心得 その3 会場内の雰囲気に慣らすべし

入場したら、最初はリードを着けた状態で会場内を回ったりほかの飼い主さんたちとあいさつしたりしながら、愛犬を状況に慣らします。

呼び戻し（P34）をマスターしている犬なら、落ち着いたらフリーにしてかまいません。放しているあいだは、愛犬から目を離さないように。危険なことをしたりほかの犬や人に迷惑をかけそうだったら、すぐに止められるようにしましょう。

ほかの犬にあいさつさせる前に、飼い主さん同士でもあいさつをしておくとスムーズに交流できます。

でも無理強いは禁物！

あいさつがうまくできない犬は、体を軽く押さえてほかの犬にお尻のニオイを嗅がせるという手段も。

心得 その4 緊張していたら落ち着かせるべし

落ち着くまで時間がかかったり、ほかの犬や人と交流すること自体が苦手でストレスを感じてしまう犬もいます。そんなときは無理をさせずに、安心できる"逃げ場"を作って落ち着かせてあげましょう。飼い主さんがしゃがんで、足のあいだに犬が逃げ込めるようにするのがおすすめ。落ち着いたら、その犬のペースで少しずつ行動の幅を広げましょう。

愛犬に抱っこをねだられることもありますが、すぐに抱き上げてしまうと「甘えれば何とかしてくれる」と思って犬自身が慣れる努力をしなくなるので注意して。

足のあいだに入れて飼い主さんの体にふれると、犬が落ち着きます。

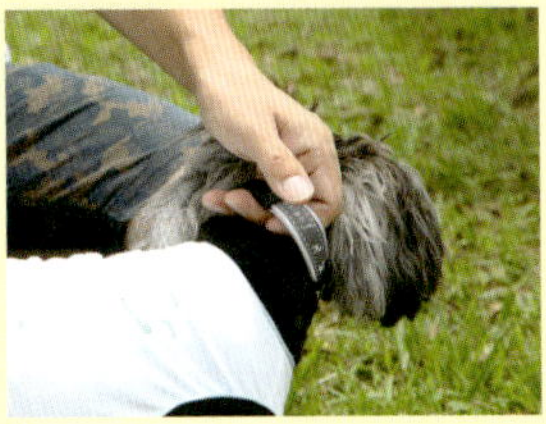

興奮してほかの犬とケンカしそうになったら、首輪をつかんでクールダウンさせましょう。

心得 その5 衛生面に気を配り、迷惑にならぬよう

不特定多数の人と犬が集まる場でとくに気を付けたいのは、トイレの処理など衛生面。会場内にトイレが設置されていないときはもちろん、トイレがあってもほかの場所で愛犬が排泄してしまう場合があります。オシッコを流すための水やウンチ袋はつねに携帯し、すぐに片付けて周囲の迷惑にならないように心がけましょう。トイレトレーニングのできていない犬やヒート中のメスは参加NGのケースもあるので、事前によく確認を。

また、ほかの犬が集まることやゴミが出ることを考えると、ドッグラン内での飲食は基本的に控えたほうが無難。人・犬ともに水分補給程度にしておきましょう。ほかの犬におやつをあげるのも、アレルギーなどの心配があるので避けましょう。

オシッコを洗い流せる道具を持参すると便利。

ウンチをしたときを見逃さず、必ず袋に入れて持ち帰るようにしましょう。

心得 その6 犬と人の健康管理に注意！

遊んでいるあいだも、愛犬の健康状態にはつねに注意してください。とくに夏は、屋外のドッグランにいると想像以上に強い日差しにさらされます。犬も飼い主さんも紫外線対策は必須。適度に休憩を取るほか、愛犬にウエアを着せておくと、紫外線だけでなく虫や毛玉も防げます。

愛犬に着せるウエアは、シンプルで動きやすいものに。ペット用保冷剤などを付けられるものもおすすめです。飼い主さんは、汚れてもいい服装を心がけましょう。

春～夏は熱中症の危険性大！　愛犬から目を離さないようにしてください。

犬も飼い主さんも、適度に日陰で休みましょう。

心得 その7 積極的にコミュニケーションを取るべし

愛犬の写真入り名刺を作っておくと、あいさつがスムーズ。

オフ会の最大の楽しみは、犬同士・飼い主さん同士で交流を深めたり情報を交換すること。初めてだと緊張するかもしれませんが、参加しているのは同じシュナ好きばかり。勇気を出して声をかけてみましょう。飼い主さん同士が最初に簡単なあいさつをしておくだけでトラブルを未然に防ぎ、気持ち良く遊ぶことにもつながります。

ただし、すべての犬がほかの犬や人との交流を楽しめるとは限りません。無理をさせると、ストレスの原因になったりお出かけそのものが嫌になるかもしれません。愛犬の様子をよく観察して、負担にならない範囲でコミュニケーションを促すようにしましょう。

同じシュナ同士、親友犬ができるかも……。

心得 その8 愛犬の社会化や成長につなげるべし

マナーを守って、
シュナ友たくさん
作っちゃおう！

楽しく遊ぶだけでなく、交流を通じて愛犬の社会化を進めたり、精神的な成長につなげられるのもオフ会の特徴。犬友達を増やしてコミュニケーションのしかたや遊び方を学ぶことで、ふだんの暮らしにも役立ちます。たとえば「次のオフ会までにほかの犬と一緒に『マテ』をして記念撮影をできるようにする」という目標を設定することで日々のしつけにやりがいを感じ、愛犬との生活をより充実したものにできるはずです。

経験を積むことで、こんなふうにビシッとキメた記念撮影も夢ではありません！

special thanks to

mmsu-ha代々木上原店（P112）
DOG PROSHOP SILVER FANG（P113）
Terrier Style世田谷店（P114〜115）
dogold（P116〜117）
design f（P118〜119）
Radiant（P120〜121）

【監修・執筆・指導】 ※所属は2018年7月現在

PART 1

神里 洋（FCI国際審査員）
福山貴昭（ヤマザキ学園大学）

PART 2

瓜生眞砂巳（Joker Land）
布川康司（ぬのかわ犬猫病院）
チームシュナウザーレスキュー（TSR）

PART 3

中西典子（Doggy Labo）

PART 4

藤井忠之（戸田動物病院）
丸尾幸嗣（ヤマザキ学園大学）
竹内和義（さがみ中央動物医療センター）
佐野忠士（酪農学園大学）
由本雅哉（ふしみ大手筋どうぶつ病院）
佐伯英治（サエキベテリナリィ・サイエンス）
町田健吾（荻窪ツイン動物病院）
奈良なぎさ（ペットベッツ）

PART 5

高橋邦明（DOG AXEL）
花形民子（小林塾）
森下祐樹（DOG PROSHOP SILVER FANG）
浅野順平（TeRRIeRge）
藤田桂一（フジタ動物病院）
櫻井裕子（ドッグライフデザイン アプリシエ）
丹下健一（BUBBLES DOG川口）
浦村ゆかり（Radiant）

PART 6

船津敏弘（動物環境科学研究所）
小笠原茂里人（ベイサイドアニマルクリニック）

+α

大瀧昭一郎（マーブル＆コー）

0歳からシニアまで
シュナウザーとのしあわせな暮らし方

2018年7月20日　第1刷発行
2025年1月20日　第2刷発行©

編　者　Wan編集部
発行者　森田浩平
発行所　株式会社緑書房
〒103-0004
東京都中央区東日本橋3丁目4番14号
TEL 03-6833-0560
https://www.midorishobo.co.jp
印刷所　TOPPANクロレ

落丁・乱丁本は弊社送料負担にてお取り替えいたします。
ISBN978-4-89531-336-0
Printed in Japan

カバー写真　蜂巣文香
本文写真　岩﨑 昌、岡村智明、小野智光、川上博司
蜂巣文香、藤田りか子
カバー・本文デザイン　三橋理恵子（quomodoDESIGN）
本文DTP　明昌堂
イラスト　石崎伸子、加藤友佳子、カミヤマリコ
くどうのぞみ、ヨギトモコ

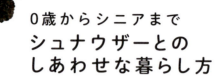